시폰 베리에이션

Chiffon

VARIATION

코운코운 오너셰프

이예란

학창 시절, 야간자율학습에 참여하지 않아도 된다는
이유만으로 제과제빵을 배우기 시작했다. 누구보다 노는 것을
좋아했으나 스무 살이 되자마자 제과점에 취직한 이후로
하루하루 치열하게 보내며 성장을 위해 매진했다.
개인 공방을 시작하고 처음으로 방문한 일본에서
시폰케이크를 만난 후, 이에 몰두해 시폰케이크 전문점
'코운코운'을 오픈했다. '코운코운'은 오픈하자마자 가볍고
다양한 식감의 시폰케이크로 빠르게 이름을 알리며 마니아들
사이에서 디저트 핫플로 인기를 모았다. 현재는 매장 영업과
베이킹클래스를 함께 진행 중이며 최근 신세계강남점
스위트파크에 2호점을 개점해 활발한 활동을 이어나가고 있다.

2007~2009 맥필드베이커리 근무
2009~2011 아티제베이커리 근무
2011~2014 투썸플레이스 근무
2014~2021 르샹스케익공방 운영
2020 르꼬르동블루 제과디플로마 수료
2021 ~ 現 코운코운케익공방 상수점 오너셰프
2024 ~ 現 코운코운케익공방 신세계강남점 오너셰프

시폰 베리에이션

Chiffon

VARIATION

• 이예란 지음 •

BnCworld

시폰은 가볍지만
책은 결코 가볍지 않다

시폰케이크는 단순한 제품이지만 결코 쉽게 만들 수 있는 제품은 아닙니다. 보기에는 간단해 보여도 공정 하나하나에 작업자의 숙련도가 필요하지요. 이는 시폰케이크가 가볍기 때문입니다. 다른 케이크와 달리 무척 가볍고 폭신폭신한 식감을 자랑하지요. 이 가벼운 시트를 만드는 게 시폰케이크의 생명이라 해도 과언이 아닙니다.

시트가 가볍다는 건 그만큼 많이 부풀었다는 뜻인데, 이건 달걀 흰자로 만드는 머랭 덕분입니다. 머랭을 잘 만드는 것이야말로 시폰케이크를 잘 만드는 비법인 것이지요. 여기에는 흰자의 온도, 설탕의 양과 넣는 타이밍, 머랭의 경도, 반죽에 머랭을 넣고 섞는 법 등 다양한 노하우가 포함됩니다. 머랭뿐만이 아닙니다. 달걀 노른자에 물과 기름을 섞는 데는 유화라는 과정이 필요하고, 다 만든 반죽에는 비중을 재고 미세하게 조정하는 과정이 필요합니다. 또, 시폰케이크 는 특유의 전용 틀을 사용해 구워야 합니다. 전용 틀을 사용해 굽다 보니 이에 따른 굽는 법도 당연히 따로 있습니다. 어떤가요? 폭신폭신 가벼워 보이던 시폰케이크가 갑자기 묵직하게 보이진 않는지요? 하지만 걱정하지 마세요. 이런 분들을 위해 시폰케이크의 기본부터 응용까지, 『시폰 베리에이션』을 준비했습니다.

지금까지 시폰케이크를 공부하며 쌓아온 지식은 물론 시폰케이크 전문점을 준비하며, 또 신메 뉴를 개발하며 겪은 시행착오를 바탕으로 얻은 보물 같은 노하우들을 모두 담았습니다. 실패 할 때마다 원인을 분석하고 해결책을 찾아 헤맸던 기록들이지요. 기본 이론과 많이 하는 질문에 대한 답까지 꼼꼼하게 다루었으니 시폰케이크가 잘 만들어지지 않을 때, 왜 실패했는지 모를 때 이 책을 펼쳐 보세요.

현재 본점과 백화점에서 판매중인 제품의 레시피도 아낌없이 공개했습니다. 우선 기본적인 시폰케이크에 대해 자세히 설명한 후 이를 아이싱 케이크, 산도, 롤, 살레 4가지 형태로 응용했으며, 제품마다 난이도를 표기해 간단한 제품부터 따라 할 수 있도록 구성했습니다. 난이도 가 낮은 제품부터 만들며 손에 익힌 뒤 난이도가 높은 제품에 도전해 보고, 최종적으로는 책을 참고해 새로운 메뉴를 개발해 보세요. 사람의 입맛이 모두 다르듯 레시피 역시 정해져 있는 건 없습니다. 한번 기본을 익히면 얼마든지 응용이 가능하니까요.

『시폰 베리에이션』은 시폰케이크에 대한 교과서입니다. 시폰케이크를 처음 만드는 초보자, 시폰케이크 전문점을 창업하려는 분, 매장에 시폰케이크 신메뉴를 추가하려는 전문가까지 모두에게 도움이 될 것입니다. 이 책이 그 어떤 책이나 미디어보다 시폰케이크에 대한 궁금증을 시원하게 풀어 줄 해결책이 되길 바랍니다.

코운코운 오너셰프 **이예란**

Contents

pre

시폰케이크에 대하여

1

아이싱 시폰케이크

CHIFFON SANDO

2

시폰 산도

CHIFFON ROLL CAKE

3

시폰 롤케이크

CHIFFON SALÉ

4

시폰 살레

About Chiffon

시폰케이크에 대하여

시폰케이크란?

시폰케이크는 실크나 나일론으로 만든 얇은 직물인 시폰(Chiffon)처럼 아주 가벼운 식감을 가진 케이크로, 스펀지케이크의 한 종류이다. 일반적으로는 식물성기름이 들어가는 게 특징이다.

1927년, 미국 캘리포니아주에서 보험회사 직원으로 일하던 해리 베이커(Harry Baker)의 비밀 아지트에서 처음 만들어져 판매되기 시작했으며, 당시에도 유명 레스토랑에서 주문을 받을 정도로 큰 인기를 얻었다고 한다. 해리 베이커는 그 후 무려 20년간 레시피를 공개하지 않다가 1947년에서야 식품 회사인 '제너럴 밀스'에 레시피를 양도하였고, 회사는 이 케이크 특유의 촉촉한 식감과 비단 같은 텍스처를 부각시키기 위해 케이크에 '시폰케이크'라는 이름을 붙였다.

이후 1980년대 즈음 한 일본 셰프가 캘리포니아에서 얻은 시폰케이크 레시피를 일본에 보급하였고, 1990년대에는 수많은 레시피북이 출간되면서 가정에서도 만들 정도가 되었다. 우리나라에 전해진 것도 이 즈음일 것으로 추정되는데 현재는 국가기능시험인 제과기능사 실기 품목에 시폰케이크가 포함될 정도로 대중적인 제품으로 자리 잡았으며 다양하게 응용되고 있다.

시폰케이크는 식물성오일, 달걀, 설탕, 밀가루 등을 섞어 만든다. 식물성오일은 일반적인 스펀지케이크의 버터를 대체하는 재료로, 0~10℃의 온도에서도 쉽게 굳지 않기 때문에 이를 넣고 만든 시폰케이크는 낮은 온도에서 보관해도 그 식감과 상태를 온전히 유지할 수 있다는 장점이 있다. 간혹 식물성오일 대신 버터를 사용하는 제품도 있는데 버터는 10℃ 이하에서는 굳기 때문에 오일을 넣은 시폰케이크보다 밀도가 높아 묵직한 식감을 느낄 수 있다.

또한 시폰케이크 반죽은 달걀을 포함한 액체 재료들이 많이 들어가기 때문에 굉장히 묽고 촉촉한데, 여기에 머랭을 넣음으로써 더욱 가볍고 폭신폭신한 케이크가 된다. 그러나 액체 재료들에 비해 가루 재료가 적게 들어가므로 생산 과정에서 있을 수 있는 작은 실수에도 제품이 주저앉고 찌그러진다. 따라서 다른 어떤 제품보다도 정확하고 실수 없이 만들어야 하는 까다로운 품목이다.

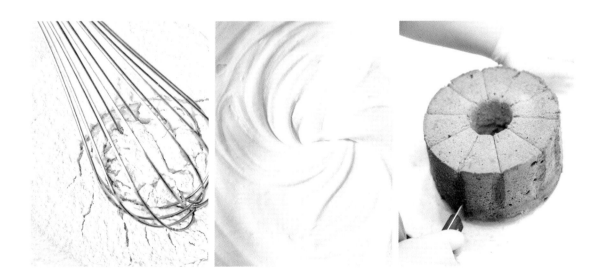

밀가루

설탕

물

옥수수전분

달걀

우유

쌀가루

오일

생크림

마스카르포네 치즈

버터

시폰케이크를 만들기 위한 **재료**

❶ 밀가루

밀가루는 달걀과 함께 시폰케이크의 구조를 만드는 주재료로, 단백질 함량에 따라 강력분, 중력분, 박력분으로 나뉜다. 제과에서는 대체적으로 박력분을 사용하는데 글루텐이 적게 형성되기 때문에 반죽의 점도가 낮아 가벼운 식감을 내는 데 적합하다. 그러나 시폰케이크 반죽은 달걀양에 비해 가루 재료량이 적으므로 보다 안정적인 구조 형성을 위해 박력분과 강력분을 함께 사용하는 경우가 많으며 사용할 때는 항상 체에 걸러 고운 상태로 섞어 주어야 한다.

❷ 옥수수전분

옥수수전분은 옥수수에서 채취한 녹말 성분이다. 굉장히 부드러운 분말이며 전분 중에서도 가장 입자가 곱다. 수분이 많은 반죽에 첨가하면 이를 적절히 흡수해 반죽의 수분량을 조절하며 탄력을 만든다. 완성된 제품에 바삭한 맛을 더하기도 한다. 이 책에서는 시폰케이크에 탄력을 더할 목적으로 사용하였다.

❸ 쌀가루

쌀가루는 멥쌀가루와 찹쌀가루로 구분되며 수분량에 따라 습식과 건식으로도 나뉜다. 최근에는 쌀가루가 제과제빵에 활용됨에 따라 이를 위한 다양한 제품이 출시되고 있는데 이 책에서는 제과용으로 만들어진 박력쌀가루를 사용하였다. 박력쌀가루는 쌀을 곱게 빻아 입자를 균일하게 맞춘 건식쌀가루로 밀가루와 비슷하게 사용이 가능하다. 그러나 쌀가루는 밀가루처럼 반죽의 구조를 만드는 글루텐이 없는 데다 밀가루에 비해 수분량도 많기 때문에 밀가루를 100% 대체할 수는 없다. 이를 적절하게 사용하기 위해서는 밀가루 중심의 기존 레시피를 일부 변경하고 쌀가루의 단점을 보완할 또 다른 재료를 첨가할 필요가 있다. 전분이나 견과류가루를 첨가하면 전분의 찰기와 견과류가루의 유지로 문제를 해결할 수 있다.

❹ 설탕

설탕은 단맛을 낼 뿐만 아니라 캐러멜화해 제품의 색을 내기도 하고, 달걀 거품을 안정시키거나 수분을 흡수해 저장성을 높이며 제품에 부드럽고 촉촉한 식감을 주는 등 다양한 역할을 한다. 주로 입자가 고운 백설탕을 사용하며 레시피에 따라 흑설탕이나 마스코바도 설탕을 사용하기도 한다.

❺ 달걀

시폰케이크에 사용하는 달걀은 노른자와 흰자를 분리해 사용한다. 노른자는 실온 상태로 사용하는데, 노른자가 차가우면 지방질이 가라앉아 반죽 전체의 기포성이 떨어지고 밀도는 높아져 다른 재료들이 반죽에 섞이지 못하기 때문이다. 이 경우 반죽 내 수분만 아래로 가라앉아 제품이 움푹 패는 현상이 일어나기도 한다. 또한 노른자에 들어 있는 레시틴은 액체 재료들이 잘 섞일 수 있도록 돕는데 차가운 상태의 노른자를 사용하면 레시틴 역시 제 역할을 다하지 못하게 된다.

흰자는 휘핑하여 시폰케이크의 구조를 잡고 부피감을 주는 중요한 요소인 머랭을 만든다. 수분과 단백질로만 구성되어 있는 만큼 구조가 간단해 실온에서 휘핑할 경우 거품이 빠르게 형성되지만 불필요하게 크고 약한 기포들이 생길 확률이 높다. 때문에 흰자는 차갑게 보관하였다가 휘핑해 더디더라도 치밀하고 단단한 기포를 만들어야 한다.

❻ 오일

오일은 온도가 낮아져도 잘 굳지 않기 때문에 시폰케이크 반죽에 넣으면 부드러운 식감을 낼 수 있다. 향이 강한 올리브유나 식용유 등을 사용하면 제품의 맛을 해칠 수 있으므로 카놀라유나 포도씨유를 사용하는 것이 좋다. 단, 짭조름한 맛의 살레 버전 시폰케이크를 만들 때는 향이 있는 오일을 사용하면 매력을 배가시킬 수 있다. 이 책에서는 카놀라유를 주로 사용했다.

❼ 물, 우유

수분은 반죽을 부드럽게 만들며, 보습성을 높이고 전분의 노화를 늦추어 제품의 보존 기간을 늘린다. 우유는 유지방 특유의 고소한 맛과 풍미를 내며 제품에 노릇한 구움색을 만드는 역할도 한다.

❽ 생크림

생크림은 식물성 유지에 식품 첨가물을 넣어 만든 식물성 크림과 우유를 원료로 만드는 동물성 크림이 있다. 이 책에서는 유제품 함유량 38% 이상인 동물성 생크림을 사용하였는데, 이를 구성하는 유지방은 온도에 굉장히 취약하므로 반드시 냉장온도(0~4℃)에서 보관해야 한다. 생크림을 휘핑하거나 아이싱할 때도 얼음물을 아래에 받치거나 에어컨을 이용해 전반적인 작업 온도를 낮추는 등 섬세하게 작업해야 한다.

⑨ 마스카르포네 치즈

이탈리아에서 생산되는 크림치즈로 생크림을 농축시켜 만들기에 보통 78% 이상의 유지방을 함유하고 있다. 치즈 특유의 짠맛이 없고 고소한 풍미가 있으며 크림향이 나는 것이 특징이다. 부드럽게 푼 다음 생크림에 첨가해 함께 휘핑하면 완성된 크림에 밀도를 높여 주고 깊은 풍미를 더한다.

⑩ 버터

우유 속 지방을 모아 고체로 가공한 것으로, 우리나라 식품의약품안전처에서는 유지방분 80% 이상, 수분 18% 이하인 것을 버터라고 규정하고 있다. 버터는 제조사나 제품마다 다양한 특징이 있는데, 이 책에서는 엘르비앤비르 고메버터와 데어리 스프레드를 사용하였다. 데어리 스프레드는 일반 버터보다 수분이 3%가량 많은 제품으로, 국내 기준으로는 버터에 속하지 않으나 수분 함량이 높아 더욱 더 촉촉한 시폰케이크를 굽고 싶을 때 사용하면 좋다. 구하기 어렵다면 일반 무염버터를 사용하되 레시피의 물을 20%정도 증량하여 사용하면 된다.

⑪ 리큐어

리큐어는 제품에 아주 소량만 첨가해도 풍부한 맛과 향을 낸다. 알코올 도수에 따라 보관 방법이 다른데 알코올 도수가 40% 이상일 경우에는 개봉 후 실온에서 보관하여도 무방하나 30% 이하인 경우에는 개봉 후 냉장 보관하여 빠르게 소진하는 것이 좋다. 브랜드에 따라 알코올 도수, 향과 풍미가 다르므로 반드시 테스트 후 사용하도록 한다.

⑫ 바닐라 빈 & 바닐라 빈 페이스트

세계에서 샤프란 다음으로 비싼 향신료인 바닐라 빈은 넝쿨식물의 열매로 초콜릿이나 아이스크림, 케이크, 쿠키 등에 향신료로 사용된다. 씨만 긁어내 반죽에 넣기도 하고 시럽에 담근 씨와 깍지를 통째로 갈아 바닐라 빈 페이스트를 만들어 사용하기도 한다. 또 깍지를 말린 뒤 곱게 갈아 바닐라파우더를 만들거나 설탕이나 소금, 오일에 넣어 숙성시킨 뒤 이용할 수도 있다. 바닐라 빈은 마다가스카르산과 타히티산이 대표적인데, 이 책에서는 마다가스카르산 바닐라 빈을 사용하였다.

⑬ 견과류 페이스트

견과류나 곡물을 그대로 갈거나 오일을 넣고 갈아 부드러운 소스 형태로 만든 제품이다. 견과류의 고소한 풍미는 배가되면서 반죽이나 크림에 섞어 사용하면 견과류를 좋아하지 않는 사람들도 고소한 맛을 부담 없이 즐길 수 있다는 장점이 있다. 직접 만들어 사용하면 시판 제품에 비해 맛과 향이 우수하다.

⑭ 바닐라 엑스트렉트

바닐라 빈을 술에 담가 만든 제품으로 달걀의 비린내를 없애거나 바닐라 풍미를 더하기 위해 사용한다. 바닐라 엑스트렉트는 시중에서 구입할 수 있지만 만드는 방법이 간단하니 수제품을 만들어 사용하는 것도 좋다. 우선 바닐라 빈 5~10개 정도를 반으로 갈라 씨를 긁어낸 뒤 남은 깍지와 함께 보드카(750ml)에 넣고 6개월 이상 실온에서 숙성시키면 된다.

⑮ 과일 퓌레

다양한 과일의 과육을 갈거나 즙을 내 농축시킨 제품이다. 일부 제품의 경우 시럽을 첨가해 만들기도 한다. 시판 제품은 항상 균일한 맛과 향, 당도를 갖고 있어 만드는 제품의 품질을 일정하게 유지할 수 있으며 냉동 상태로 유통되기 때문에 관리하기가 편하다. 공급량도 일정해 사용하기 좋다.
직접 만들어 사용할 경우에는 맛있고 당도가 높은 계절 과일을 구해 대량으로 퓌레를 만들어 얼린다.

⑯ 커버추어 초콜릿

카카오고형분 35% 이상, 카카오버터 31% 이상이 함유된 초콜릿이다. 단독으로 사용할 때는 '템퍼링'이라는 온도 조절 작업을 거쳐야 한다. 그렇지 않으면 잘 굳지 않으며 표면에 얼룩이 생기기 쉽다. 카카오매스 함량에 따라 다크, 밀크, 화이트초콜릿으로 구분되며 함량이 높을수록 쌉싸래한 맛과 진한 초콜릿 향이 난다. 이 책에서는 발로나(社) 제품을 사용하였다.

⑰ 응고제

제과에 사용하는 응고제로는 젤라틴, 카라기난, 한천, 펙틴이 보편적이다. 그 중 젤라틴은 동물의 뼈, 가죽, 힘줄 등을 원료로 하는 제품으로 물에 불려 수화시킨 다음 물기를 빼서 사용한다. 단 25℃ 이상에서는 녹기 때문에 찬물에 넣어 불려야 한다. 젤라틴은 얇은 판 형태와 가루 형태가 있다. 이 책에서는 판젤라틴을 사용했으나 가루젤라틴과 뜨거운 물을 1:5의 비율로 섞어 젤라틴매스를 만들어 사용해도 좋다.

⑱ 프랄리네

견과류 페이스트와 달리 견과류나 곡물을 설탕 시럽에 코팅하여 캐러멜화시킨 다음 곱게 갈아 만든다. 견과류 페이스트와 마찬가지로 견과류의 맛을 은은하게 내어 부담이 없고 단맛을 더해 호불호가 적다. 재료 본연의 맛을 잘 살리는 가공법 중 하나이다. 그러나 만드는 데 시간과 정성이 많이 들어가는 만큼 시판 제품을 구입해서 사용해도 무방하다.

리큐어

바닐라 빈 페이스트

견과류
페이스트

바닐라
엑스트렉트

과일 퓌레

응고제

커버추어 초콜릿

바닐라 빈

프랄리네

견과류 페이스트

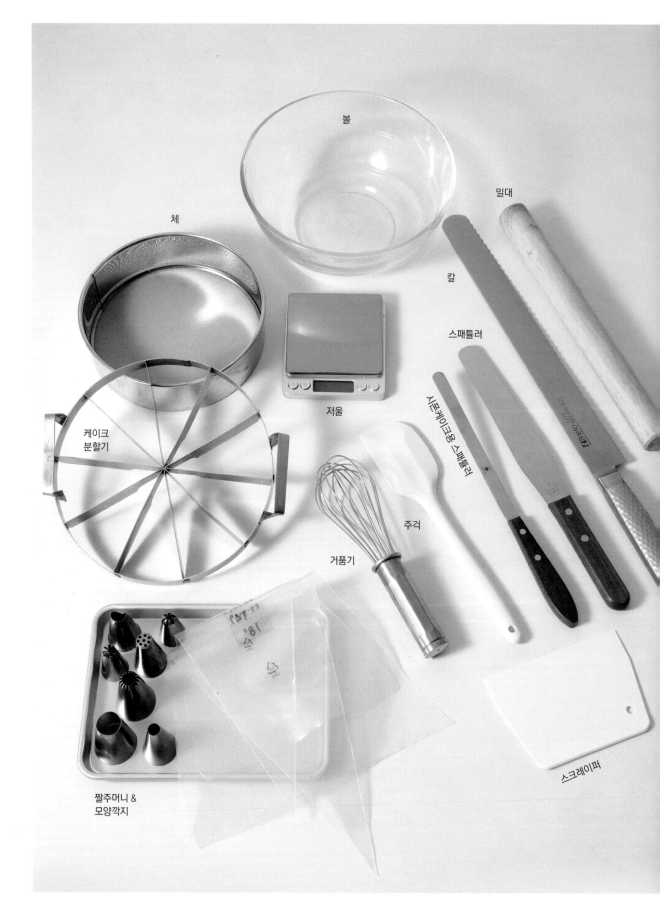

볼

밀대

체

칼

스패튤러

케이크
분할기

저울

시트케이크용 스패튤러

주걱

거품기

짤주머니 &
모양깍지

스크레이퍼

시폰케이크에 사용되는 **도구**

❶ 볼

열전도율이 좋은 스텐볼을 사용하면 좋다. 레시피 분량에 따라 사이즈를 선택해서 사용한다. 폴리카보네이트 소재의 볼은 전자레인지를 사용할 수 있는 장점이 있으므로 초콜릿 작업을 할 때 이용하면 편리하다.

❷ 체

가루 재료를 체 쳐서 사용하면 가루 입자 사이에 공기층이 생겨 가볍고 폭신폭신한 제품을 만들 수 있을 뿐만 아니라 혹시 모를 이물질을 제거하는 것도 가능하다.

❸ 케이크분할기

시폰케이크를 일정한 크기로 조각내기 위해 사용하는 도구이다. 6, 8, 10, 12구 등 다양한 크기의 분할기가 있는데 이 책에서는 10구를 사용했다.

❹ 저울

제과에서는 조금이라도 계량을 잘못하면 의도한 대로 제품이 나오지 않을 확률이 크다. 때문에 정확한 계량을 위해 0.1g 단위로 측정할 수 있는 저울을 사용하는 것이 좋다. 눈금 저울은 오차가 있을 수 있으니 디지털 저울을 추천한다.

❺ 짤주머니 & 모양깍지

짤주머니 안에 모양깍지를 넣은 다음 크림이나 반죽을 담아 원하는 모양과 크기로 짤 수 있는 도구이다. 시폰케이크 사이에 필링을 채우거나 데커레이션할 때 사용한다. 천으로 만든 짤주머니는 매번 세척 후 건조시켜 사용해야 하기 때문에 보다 위생적인 일회용 짤주머니를 사용하는 것이 좋다. 모양깍지는 기본적인 원형과 별 모양 외에도 다양한 제품이 있으니 원하는 것을 구비해 사용법을 익히도록 한다.

❻ 거품기

재료를 섞을 때 주로 사용하는 거품기는 와이어가 튼튼하고 손잡이가 손에 잘 맞는 제품을 고르는 것이 좋으며 사이즈는 작업하는 반죽의 양에 맞게 선택하면 된다. 시폰케이크는 액체 재료가 많이 들어가므로 주걱보다는 거품기로 반죽을 섞는 것이 편리하다.

❼ 주걱

주로 반죽을 섞을 때 사용하는 주걱은 고무, 실리콘, 나무 등의 재질이 있는데 일체형으로 된 실리콘주걱을 추천한다. 고무주걱은 높은 온도에서 변형이 올 수 있고, 일체형이 아닌 제품은 위생 관리가 어렵기 때문이다. 반죽이 아주 되거나 캐러멜을 만드는 등 힘이 들어가는 작업에는 단단하면서도 고온 작업이 가능한 나무주걱을 사용하는 것이 좋다.

❽ 시폰케이크용 스패튤러

시폰케이크를 틀에서 분리할 때 사용한다. 좁고 긴 형태가 좋다. 시폰케이크용 스패튤러가 없다면 얇고 긴 스패튤러나 칼을 이용해도 좋다.

❾ 스패튤러

시폰케이크에 크림을 바르거나 크림을 넓게 펼칠 때 사용한다. 시폰케이크는 높이가 높은 제품이기에 너무 작은 스패튤러를 이용하면 아이싱 작업이 어려우며 반대로 너무 큰 스패튤러는 작업자가 다루기 버겁다. 따라서 작업자의 손 크기와 케이크 높이를 고려해 고른다. 일반적으로 8호(약 29㎝)가 적당하다.

❿ 칼

과일을 손질하거나 케이크를 자를 때 사용하며 톱니 모양이 있는 칼을 추천한다. 시폰케이크는 단단하지 않고 구조가 약해 일반 칼을 사용하면 잘리지 않고 뭉개질 수 있다. 톱니 모양 칼로 톱질하듯 자르는 것이 좋다.

⓫ 밀대

반죽이나 크림을 평평하게 늘여 펼치거나 견과류와 같은 재료를 부술 때 사용하는 도구이다. 튼튼하고 무게감이 있는 목제 제품이 좋다. 목제 제품은 습하지 않고 서늘한 곳에 보관하는 것이 좋으며 물기가 많은 상태로 보관할 경우 곰팡이가 피거나 썩을 수 있으니 주의한다. 세제 사용도 가급적 피하는 것이 좋다.

⓬ 스크레이퍼

제과에서 다용도로 사용되는 굵개이다. 재질은 철제와 플라스틱이 있으며 모양도 둥근 것과 각진 것이 있다. 베이킹팬에 부은 반죽을 평평하게 펴거나, 시폰케이크 틀에 눌어붙은 크림을 제거할 때 사용한다.

⑬ **베이킹팬**

시폰케이크 반죽을 베이킹팬에 넣고 구우면 폭신폭신한 식감을 자랑하는 롤케이크 시트를 만들 수 있다. 이 책에서는 ½빵팬(39×29×4.5㎝)과 패밀리팬(33.5×26×4.5㎝)을 사용하였다.

⑭ **테플론 시트**

유리섬유에 테플론 코팅을 한 베이킹용 시트이다. 롤케이크를 만들 때 특히 유용하게 사용되는데, 유산지보다 두께감이 있어 테플론 시트를 깔고 시트를 구우면 수축되지 않고 잘 구워진다. 그밖에 초콜릿이나 캐러멜을 부어 식힐 때나 견과류를 로스팅하는 등 다방면으로 사용할 수 있다. 같은 역할을 하는 실리콘 매트에 비해 내구성은 조금 떨어지나 가성비가 좋아 유용하다.

⑮ **실리콘몰드**

실리콘으로 만들어져 내한 및 내열 온도대가 넓고 내구성이 강한 몰드이다. 반죽을 넣어 오븐에서 구울 수도 있고 콩포트나 크레뫼 등의 재료를 넣어 냉동에서 굳힐 수도 있다. 이 책에서는 다양한 실리콘몰드를 사용하였으며 제품명을 기재했다.

⑯ **돌림판**

생크림을 시폰케이크에 발라 아이싱할 때 사용하는 도구이다. 무게감 있는 스테인리스 제품이 안정적이며 윗판을 돌릴 때 매끄럽게 돌아가는지, 수평은 잘 맞는지를 확인하여 구입한다.

⑰ **스탠드믹서**

많은 양의 반죽을 믹싱할 때는 핸드믹서보다는 힘이 좋은 스탠드 믹서를 사용하는 것이 좋다. 핸드믹서로 작업할 경우 손목에 무리가 가기도 하고 작업 효율도 좋지 않기 때문이다. 이 책에서는 5쿼터 키친에이드 제품을 사용하였다.

⑱ **핸드믹서**

달걀이나 생크림을 편리하게 휘핑할 수 있는 기계이다. 손거품기로 휘핑하는 데에는 한계가 있으므로 작업성과 효율성을 고려해 핸드믹서를 사용하면 좋다. 스탠드믹서와 비교해 상대적으로 반죽 양이 적을 때 사용한다. 속도가 세밀하게 구분되어 있는 제품을 추천한다.

⑲ **핸드블렌더**

단단한 재료를 분쇄하거나 여러 재료를 깔끔하게 혼합할 때 사용한다. 가나슈나 크레뫼 등 유화를 돕는 도구로도 유용하게 쓰인다.

⑳ **온도계**

제과에서 온도는 아주 중요한 요소이다. 만들려는 반죽이나 소스의 온도가 너무 낮거나 높을 경우 제품의 완성도가 떨어지거나 원하는 제품이 만들어지지 않기도 한다. 흔한 예로는 유화가 되지 않아 분리 현상이 생기거나 기껏 올린 거품이 꺼지는 경우이다. 비접촉식 적외선 온도계나 스테인리스제 온도계로도 충분하지만 더 정확한 온도를 측정하고 싶다면 탐침형 온도계를 추천한다.

㉑ **시폰케이크 틀**

시폰케이크 틀은 원형 팬 가운데 기둥이 있는 독특한 모양의 케이크 틀이다. 제조사마다 크기나 모양 등이 조금씩 다른데 끝이 날카롭지 않고 둥글게 마감된 것이 안전하다. 일체형보다는 옆면과 아랫면이 나뉘는 분리형을 사용하면 시폰케이크를 틀에서 쉽게 분리할 수 있으며, 높이가 높은 틀을 사용하면 반죽이 넘쳐 흐를 확률이 적어 추천한다. 이 책에서는 시폰케이크 2호틀(지름 18㎝)을 주로 사용하였다.

스탠드믹서

핸드믹서

온도계

핸드블렌더

시폰케이크 틀

시폰케이크를 만들 때 가장 중요한 **5가지 포인트**

Point. **1** 시폰케이크 틀

시폰케이크 반죽은 액체 재료에 비해 밀가루양이 적어 비중이 낮은 반죽이다. 머랭과 수분의 힘으로 한껏 부풀지만 그것을 유지할 지지력이 부족하다는 뜻이다. 때문에 시폰케이크는 원형 팬 중간에 가운데가 뻥 뚫린 기둥이 있는, 높은 도넛 모양의 독특한 전용 틀로 굽는다. 구워지는 동안 반죽이 틀의 옆면과 기둥을 타고 올라가 부풀며 익을 수 있도록 하는 것이다. 지지할 부분이 없는 일반 원형 케이크 틀에 구우면 완성품은 가운데부터 쉽게 주저앉는다.

같은 이유로 시폰케이크 틀에는 버터와 같은 이형제를 바르거나 유산지도 깔 필요가 없다. 간혹 물을 뿌리면 좋다고도 하는데, 오히려 분무가 많이 된 부분은 반죽이 수분을 머금어 수축되거나 물방울 자국이 나기도 하므로 추천하지 않는다. 틀은 사용하기 전에 알코올 소독만 하면 충분하다.

시폰케이크를 굽고 제품을 분리한 시폰케이크 틀은 유산지를 깔거나 이형제를 바르지 않았던 만큼 케이크 크럼이 눌어붙어 세척하기가 쉽지 않다. 하지만 그렇다고 거친 철수세미나 세제를 이용하면 틀의 코팅이 벗겨질 수 있으므로 따뜻한 물에 담가두었다가 부드러운 수세미를 이용해 닦도록 한다.

세척 후에는 다른 틀과 마찬가지로 물기를 잘 말려 보관한다.

틀에 눌어붙은 반죽을
스크레이퍼로 긁어내면 세척이 한결 수월하다.

Point. **2** 유화

물과 기름같이 잘 섞이지 않는 재료를 고루 섞는 것을 '유화'라고 한다. 시폰케이크는 액체 재료 비중이 높아 촉촉한 식감을 내지만 반대로 말하면 액체 재료가 너무 많아 반죽이 잘 섞이지 않는다는 뜻이기도 하다. 그러므로 유화를 잘 시키는 것이 부드러운 시폰케이크를 만드는 비법이다.

시폰케이크는 노른자 반죽에 오일을 섞는 공정과 이후 액체 재료들을 넣고 섞는 공정에서 유화가 필요하며 이때 재료들의 온도를 35℃로 맞춰서 섞으면 유화가 보다 잘 이루어진다.

오일이 잘 섞이지 않으면 제품에서 기름지고 느끼한 맛이 나거나 기름이 뭉쳐 덩어리진다. 또 액체 재료가 잘 섞이지 않으면 반죽 내 수분이 시폰케이크 아래쪽으로 가라앉아 이후 제품을 뒤집어 식힐 때 그 부분이 움푹 패이기도 한다.

유화가 잘 된 반죽

유화가 잘 되지 않은 반죽

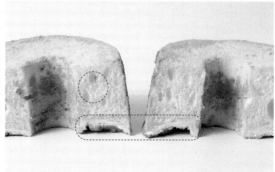

유화가 잘 되지 않은 반죽으로 만든 시폰케이크.
기공이 고르지 않고 아래쪽이 뭉친다.

Point. 3 머랭

오롯이 머랭의 힘으로만 부푸는 시폰케이크는 머랭의 품질이 곧 시폰케이크의 품질이라고 해도 될 만큼 머랭을 잘 만드는 것이 매우 중요하다.

시폰케이크에 사용되는 머랭을 잘 만들려면 우선 달걀 흰자를 차갑게 냉장 보관해서 사용해야 하며, 저속에서 시작해 단계적으로 속도를 올려 가며 휘핑해야 한다. 흰자는 수분과 단백질로만 구성되어 있는 만큼 구조가 간단해 실온에서 빠르게 휘핑할 경우 부피감 있어 보이는 거품이 금방 만들어진다. 그러나 이는 불필요하게 크고 약한 기포일 확률이 높다. 때문에 흰자를 차갑게 보관하였다가 서서히 휘핑해 더디더라도 치밀하고 단단한 기포를 만들어야 한다.

설탕의 양과 투입 시기도 조절하여야 한다. 시폰케이크는 가벼운 머랭이 생명이기에 설탕을 흰자양의 절반 이하로 넣는 것이 좋다. 이보다 적을 경우에는 머랭의 힘이 너무 약해져 반죽의 비중이 높아지고 부피감도 적어지며 최종적으로 구워진 제품의 높이가 낮아진다. 반대로 설탕이 흰자보다 많으면 가볍고 폭신한 식감이 아닌 찐득하고 무거운 식감으로 완성될 수 있다.

또 설탕을 너무 일찍 넣으면 설탕의 무게 때문에 기포가 형성되기

알맞게 만든 머랭

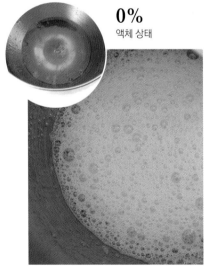

0%
액체 상태

20%
불투명한 상태.
큰 기포들이 금방 생겨났다가 사라진다.

50%
투명하던 거품이 뽀얀 색으로 변한다.
구조가 안정화되기 시작하는 시점.

70%
어느 정도 부피감이 생기며 거품기가
지나간 자국들이 나기 시작한다.

어려우며, 너무 늦게 넣으면 설탕 입자가 미처 녹지 못해 반죽의 구조 형성에 도움이 되지 못하고 반죽 윗면에 둥둥 떠서 하얗게 구워진다. 그러므로 알맞은 양을 적당한 때에 넣는 것이 중요하다. 쉽게 설명하자면 머랭의 휘핑 정도를 0%, 50% 70% 세 단계로 나누어 투입한다. 우선 믹서볼에 차가운 흰자와 설탕 ⅓을 넣고 휘핑하면 더디지만 치밀하고 조밀한 기포층이 생기기 시작한다. 50% 휘핑하면 투명한 거품이 뽀얀 흰색으로 변하면서 구조가 안정되기 시작하는데 이때 다시 설탕의 ⅓을 넣는다. 마지막으로 머랭의 뿔이 묽게 만들어져 크게 구부러지는 70%에서 남은 설탕을 넣고 원하는 되기로 머랭을 완성하면 된다. 시간 간격을 두고 설탕을 투입하는 것이 포인트. 가장 이상적인 머랭은 뿔이 서는 90~100% 정도이다.

물론 밀가루보다 수분 흡수력이 약한 쌀가루를 사용했거나 페이스트, 퓌레와 같은 무거운 재료 혹은 유분이 많은 코코아파우더, 말차가루를 사용한 경우에는 반죽에 알맞은 머랭이 각각 다르므로 레시피를 잘 확인하도록 한다. 추가로 흰자에 난백가루나 산성 성분인 주석산, 레몬즙 등을 첨가하면 더 단단하고 안정감 있는 머랭을 만들 수 있다.

잘못 만든 머랭

90%

부피감이 크고 거품기 자국이 선명하며 윤기가 돈다. 머랭을 들면 끝이 부드럽게 휘어진다.

100%

전체적으로 단단한 힘이 느껴지며 윤기가 없어지는 시점. 머랭을 들면 끝이 뾰족하게 선다.

110%~

오버 휘핑된 상태. 겉면이 푸석푸석하고 질감이 거칠다. 다른 반죽에 섞을 때 잘 풀리지 않아 골고루 섞으면 거품이 많이 꺼진다.

Point. 4 비중

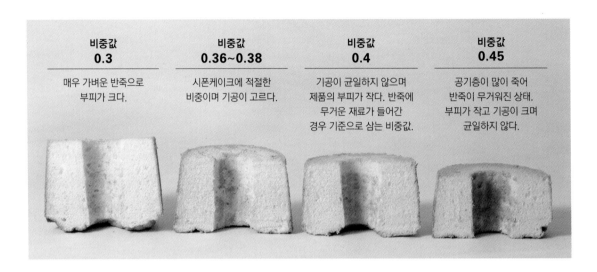

비중값 0.3
매우 가벼운 반죽으로 부피가 크다.

비중값 0.36~0.38
시폰케이크에 적절한 비중이며 기공이 고르다.

비중값 0.4
기공이 균일하지 않으며 제품의 부피가 작다. 반죽에 무거운 재료가 들어간 경우 기준으로 삼는 비중값.

비중값 0.45
공기층이 많이 죽어 반죽이 무거워진 상태. 부피가 작고 기공이 크며 균일하지 않다.

비중이란 같은 부피의 반죽과 물의 무게를 비교한 비교값이다. 0~1 사이의 값으로 표시하며 비중이 낮아 0에 가까울수록 공기층이 많이 들어간 가벼운 반죽을 뜻하고 비중이 높아 1에 가까운 반죽일수록 공기층이 적어 무거운 반죽이다. 비중을 처음 접하는 사람들에겐 다소 난해하게 느껴질 수 있으나 비중을 재는 방법은 생각보다 간단하다. 우선 저울 위에 반죽의 무게를 잴 컵을 올리고 영점을 맞춘 다음 물을 컵에 가득 담아 물 무게를 잰다. 물을 쏟아 버린 뒤 이번엔 같은 컵에 반죽을 가득 담아 영점을 미리 맞춰 두었던 같은 저울에 반죽 무게를 잰다. 그 후 반죽의 무게를 물 무게로 나누어 나오는 수치가 바로 해당 반죽의 비중이다. 예를 들어 반죽의 무게가 50g, 물의 무게가 100g이 나왔다면 이 반죽의 비중은 0.5로 아주 가볍지도 무겁지도 않은 반죽이다. 컵은 막연히 큰 컵보다는 종이컵 사이즈의 컵이 사용하기 편리하나 물이 정확히 100g 들어 가는 비중컵이 시중에 판매되고 있으니 구입해서 사용하는 것을 추천한다. 만약 완성된 반죽의 비중이 너무 낮다면 반죽을 조금 더 섞어 원하는 비중값이 나올 때까지 비중을 높이면 된다. 그러나 한번 높아진 비중값은 다시 낮아지지 않으니 신중하게 작업해야 한다. 꺼진 머랭의 거품이 다시 살아날 수는 없기 때문이다. 시폰케이크를 만들기 어려운 이유 중 하나이다.

Chef's Tip

시폰케이크 반죽을 틀에 팬닝한 다음 기포를 정리하기도 하는데 이는 조금 더 고운 단면을 얻기 위해 잔 기포를 정리하는 과정으로, 필수적인 공정은 아니다. 정확한 비중이 알맞게 측정되었다면 굳이 팬닝 후에 기포 정리를 할 필요는 없으며 오히려 기포 정리를 하다가 반죽을 망가뜨려 불필요한 큰 기공이나 구멍을 만들 수 있으므로 추천하지 않는다. 다만 레시피에 따라 예외인 경우가 있으니 레시피를 잘 확인하도록 하자.

기포 정리를 하지 않음　　기포 정리를 했음

비중이 잘 맞은 반죽은 기포 정리를 하지 않아도 완성된 제품에 큰 차이가 없다.

Point. 5 굽기

시폰케이크 반죽은 비중이 가볍기 때문에 굽는 방법이나 온도
의 영향을 많이 받는다. 굽기 온도가 5~10℃가량 달라져도 무
난하게 완성되는 다른 제품들과 달리 시폰케이크는 오븐 문을
열었을 때 유입되는 찬바람에도 제품의 성패가 갈릴 정도로 예
민하다.

때문에 완성도 높은 제품을 만들기 위해서는 오븐의 특성을 이
해하고 제품에 알맞은 오븐을 고르는 것이 중요하다. 데크오븐
은 위아래 열선의 열을 이용해 굽기 때문에 제품의 수분을 빼앗
기지 않아 부드럽고 촉촉한 식감의 시폰케이크를 구울 때 적합
하다. 반면 오븐 내 온도가 균일하지 않기 때문에 한 오븐에 팬
을 여러 장 넣는 경우에는 구움색이 골고루 나지 않는다는 단점
이 있다.

컨벡션오븐은 뜨거운 바람이 오븐 내부를 순환하기 때문에 제
품의 구움색을 균일하게 낼 수 있다. 그러나 열풍을 이용하는
만큼 제품이 건조해지기 쉽다는 단점이 있다. 시폰케이크를 컨
벡션오븐에서 너무 오래 구우면 수분을 빼앗겨 수축이 심하게
일어나 제품 윗면의 크랙이 너무 크게 생기기도 한다. 때문에
바삭한 식감의 빵이나 과자류 혹은 재료 배합에 수분이 많은 시
폰케이크를 굽는 것이 좋다. 그러나 이는 일반적인 얘기이고,
비중만 잘 맞춘다면 컨벡션오븐으로도 충분히 만족스러운 결과
를 얻을 수 있다.

오븐 온도가 높거나 굽는 시간이 너무 길어지면 구움색이 나는
윗부분이 수축되고 질긴 식감이 난다. 반면에 오븐 온도가 매우
낮거나 너무 짧게 구우면 반죽이 잘 익지 않으며 오븐스프링이

일어나지 않아 잘 부풀지 않을 수 있다.

시폰케이크가 다 구워지면 오븐에서 꺼내자마자 틀째로 뒤집어
서 식힌다. 반죽이 가볍기 때문에 그대로 두면 중력에 의해 점
점 수축되어 가라앉기 때문이다. 분리 작업 역시 시폰케이크가
따뜻할 때는 망가질 확률이 높기 때문에 완전히 식힌 다음에 진
행하는 것이 좋다.

한편 완전히 식힌 시폰케이크를 팬에서 분리하지 않고 틀째로
랩핑하여 냉장고에서 하루 정도 숙성시키면 더욱 탄력 있는 시
폰케이크를 만들 수 있다.

완성된 시폰케이크는 빵칼이나 케이크 분할기를 이용해 정확하게
재단한다. 주의할 점은 시폰케이크를 그냥 재단하면 손가락 자국
이 나거나 찌그러질 수 있으니 냉동고에 얼렸다 재단해야 한다는
것이다. 밀도가 낮아 금방 해동되며 훨씬 예쁘게 재단할 수 있다.

컨벡션오븐으로
구운 시폰

데크오븐으로
구운 시폰

재료에 따라 달라지는 시폰

박력분으로 만든 기본 시폰

박력분으로 만든 기본 시폰케이크이다. 비중을 잘 맞추고 잘 만든
머랭을 섞은 뒤 알맞은 온도로 구워 부피감이 좋고 기공이 고르다.

잘 구워진 시폰은 부드럽고 탄성이 좋아
손으로 눌렀을 때 금방 원래 모습으로 돌아온다.

다른 가루 재료를 혼합해 만든 시폰

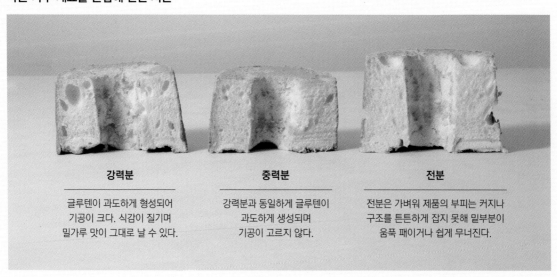

강력분	중력분	전분
글루텐이 과도하게 형성되어 기공이 크다. 식감이 질기며 밀가루 맛이 그대로 날 수 있다.	강력분과 동일하게 글루텐이 과도하게 생성되며 기공이 고르지 않다.	전분은 가벼워 제품의 부피는 커지나 구조를 튼튼하게 잡지 못해 밑부분이 움푹 패이거나 쉽게 무너진다.

유지 종류에 따라 다른 시폰

오일을 넣고 만든 시폰   버터를 넣고 만든 시폰

180g   217g

버터로 만든 시폰케이크 반죽에는 반드시 부드럽게 만든 머랭을 혼합해야 한다. 100%까지 휘핑한 머랭을 섞을 경우, 단단한 머랭이 무겁고 밀도 높은 반죽에 잘 풀리지 않아 혼합하는 시간이 늘어나게 된다. 이는 곧 머랭의 거품이 꺼지고 비중이 높아지는 결과를 초래한다. 90% 정도로 올린 부드러운 머랭을 잘 섞는다면 오일을 넣고 만든 시폰케이크처럼 충분히 부피감 있는 제품을 만들 수 있다.

사진은 오일을 넣어 만든 시폰케이크 반죽과 버터를 넣고 만든 시폰케이크 반죽을 동일한 틀에 각각 80%씩 팬닝하여 구운 것이다. 우선 육안으로 보았을 때 제품의 기공과 결에서 차이가 나는데, 버터로 만든 시폰케이크의 구조가 조금 더 탄탄하며 기공이 치밀하다는 것을 알 수 있다. 또한 반죽이 동량이었음에도 불구하고 완성된 제품의 무게가 다르다. 이는 위에서 설명했듯 버터를 넣고 만드는 반죽이 무거워 머랭이 꺼졌기 때문이다.

아트레제

제누아즈 전용으로 만들어진 고급 박력분이다.
회분량과 단백질량이 적절하게 조절되어
고른 기공과 적당한 부피감을 낸다.
단, 가격이 비싸다는 단점이 있다.

쌀가루

글루텐이 없어
구조를 잡기 힘들며
높이가 낮다. 찰진 식감을 낸다.

견과류가루

기름진 견과류가루가 들어가
반죽 전체가 무겁고 구조가
고르지 못하며 느끼한 맛을 낸다.

Basic Chiffon

시폰케이크 반죽의 기초와 응용

분량	틀	굽기	난이도	소비기한
시폰케이크 1개	지름 18cm 시폰틀 2호 1개	데크오븐 윗불 180℃, 아랫불 160℃ 컨벡션오븐 170℃, 25~30분	★★☆☆☆	냉동 2주, 실온 3일

기본 시폰케이크 만들기

Making
Chiffon Cake

———— READY ————

☐ 오븐 예열
　데크오븐 185℃
　컨백션오븐 180℃
☐ 70℃ 중탕물 준비
☐ 노른자는 실온, 흰자는 냉장 온도로 준비하기
☐ 카놀라유와 물+우유 35℃로 데우기

———— INGREDIENTS ————

노른자 · 72g	박력분 · 60g
설탕A · 25g	옥수수전분 · 12g
소금 · 1g	베이킹파우더 · 2g
카놀라유 · 35g	-
물 · 22g	흰자 · 148g
우유 · 22g	설탕B · 55g

[동일한 양의 반죽에 대한 다양한 틀 활용법]

완성된 시폰 반죽 1배합(약 450g)	0.75 배합	1.25 배합
지름 10cm 미니 시폰틀 약 4개 혹은 지름 18cm 2호 시폰틀 1개 분량	지름 15cm 1호 시폰틀 1개 분량	지름 21cm 3호 시폰틀 1개 분량

1 실온의 노른자에 설탕A와 소금을 넣고 섞는다.
　　Tip 설탕을 넣은 뒤 바로 섞지 않으면 덩어리질 수 있으니
　　주의한다.

2 중탕물에 올려 익지 않도록 저어가며 35℃까지 온도를
　　올린다.

3 35℃로 데운 카놀라유를 넣고 거품기를 이용해 한
　　방향으로 서서히 섞으며 완벽하게 유화시킨다.

4 35℃로 데운 물+우유를 천천히 부으며 고루 섞는다.

5 가루 재료를 체 쳐 넣고 덩어리지지 않도록 섞어 준다.

6 차갑게 보관한 흰자에 설탕B를 3번(0%, 50%, 70%)에
　　나누어 넣으며 100% 머랭을 만든다.

Chef's Tip ─────────────────────────────

○ 액체 재료들의 온도를 동일하게 맞춘 뒤 섞는 것이 완벽하게 유화시키는 포인트이다.

○ 가루류를 주걱으로 섞을 경우, 수분과 오일이 잘 섞이지 않고 덩어리질 수 있으므로 거품기를 이용한다.
　또 가루를 너무 오래 섞거나 치대면 과도한 글루텐 형성으로 인해 식감이 질겨지니 주의한다.

○ 머랭을 과하게 올리면 노른자 반죽과 잘 섞이지 않아 시폰케이크 단면에 구멍이 생기거나 머랭이 덩어리진 채로 구워질 수 있다.

7 5의 반죽에 머랭을 ⅓씩 나눠 넣으며 조심히 섞는다.
　　Tip 머랭의 덩어리를 푼다는 느낌으로 가볍게 섞는다.

8 반죽의 비중을 테스트해 알맞은 비중값이 나오도록
　　조절한다. (적정 비중값 0.36~0.38)
　　Tip 비중이 낮으면 반죽을 조금 더 섞어 비중을 높인다.

9 완성된 반죽을 준비해 둔 틀에 80% 높이까지 팬닝한 뒤
　　반죽을 틀 높이까지 펴 바르고 가볍게 내려쳐 충격을 준다.

10 예열한 오븐에 넣고 굽기 온도로 낮춘 다음 25분 동안
　　 굽는다. 대나무 꼬치로 찔러 보아 반죽이 묻어 나오면 덜
　　 구워진 것이므로 5분 정도 더 굽는다.

11 구워진 시폰케이크를 틀째로 뒤집어 놓고 완전히 식힌다.

12 시폰케이크를 틀에서 조심스럽게 분리한다.

Chef's Tip

○ 반죽의 비중값에 따라 굽는 시간, 볼륨감, 식감이 조금씩 달라진다.

○ 시폰케이크는 액체 재료가 많이 들어가는 제품으로 수분이 많은 만큼 노화가 느리고 잘 마르지 않아
　 밀폐 후 실온에서 3~4일 정도 보관이 가능하나 2일 이내로 소진하는 것이 좋다.

구운 후 틀에서 분리하기

잘 구운 시폰케이크는 오븐에서 꺼내자마자 틀째로 뒤집어 식힌 다음 틀에서 분리한다. 이 때 손으로 분리하는 방법과
시폰케이크용 얇은 스패튤러를 이용해 분리하는 방법이 있다. 손으로 분리할 경우 시폰케이크가 찢어질 가능성이 높기 때문에
시폰케이크용 스패튤러를 사용하면 좋은데, 스패튤러 역시 잘못 다루면 제품을 망가뜨릴 수 있으니 주의하자.

1 손을 이용한 분리

1 두 손으로 구워진 시폰케이크를 움켜쥐듯 눌러 제품의 옆면을 틀에서 뗀다.
2 옆면이 다 떨어지면 큰 바깥 틀을 분리한다.
3 한 손으로 안쪽 틀을 잡고 다른 한 손으로 시폰케이크를 움켜쥐듯 누르며 밑면을 뗀다.
4 똑바로 내려놓은 뒤 시폰케이크를 가볍게 눌러 중앙 기둥에서 시폰케이크를 뗀다.
5 안쪽 틀을 제거하고 겉면에 일어난 크럼을 정리한다.

2 스패튤러를 이용한 분리

1 시폰케이크용 스패튤러를 틀과 시폰케이크 사이에 넣고 틀을 긁어 가며 제품을 뗀다.
2 다 떨어지면 큰 바깥 틀을 분리한다.
3 한 손으로 안쪽 틀을 잡고 다른 한 손으로 시폰케이크를 움켜쥐듯 누르며 밑면을 뗀다.
4 안쪽 틀을 제거하고 겉면에 일어난 크럼을 정리한다.

시폰케이크 자르기

분리한 시폰케이크를 잘라 다양한 제품으로 응용할 수 있다. 케이크분할기를 이용해 같은 크기로 나누고
반으로 갈라 각양각색의 내용물을 채워 넣으면 마치 샌드위치같은 색다른 디저트가 완성된다.

1 분리한 시폰케이크 위에
케이크분할기를 올리고
살짝 눌러 칼집을 낸다.

2 빵칼을 이용해 칼집을
따라 톱질하듯
10조각으로 자른다.

3 안쪽 틀에 붙어 있던 면을
잘라 깔끔하게 정리한다.

4 중앙에 깊이 칼집을 낸다.

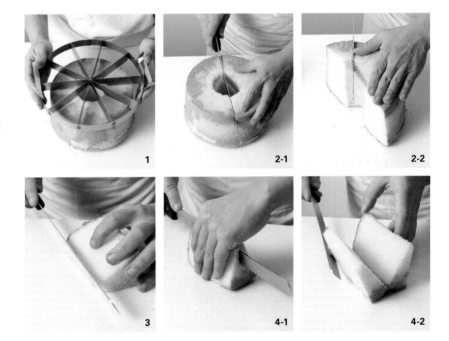

Chef's Tip

만약 다양한 필링을 채워 넣기 위한 시폰케이크를 굽는다면 다음
두 가지 내용을 참고해 기본 시폰케이크의 배합을 약간 바꾸어 보
자. 더 완성도 높은 제품을 만들 수 있을 것이다.

1 베이킹파우더를 넣지 않는다. 시폰케이크를 잘라 사용하면 단면
이 부각되므로 기공을 균일하게 만들어야 하는데, 베이킹파우더
가 들어가면 제품의 부피는 커지지만 기공 역시 커지기 때문이다.

물론 시폰케이크의 기본 재료 외 추가적으로 들어 가는 특별한 재
료(초콜릿, 말차가루, 쌀가루, 전분 등)가 있다면 베이킹파우더의
힘을 빌려야 한다.

2 가루 재료의 양을 늘리거나 견과류가루처럼 무게감 있는 가루
류를 일부 섞어 시폰케이크의 구조를 단단하게 만든다. 가득 채운
필링을 시폰케이크가 지탱해야 하기 때문이다. 여러 가지 구성요
소와 크림을 얹는 아이싱 케이크도 마찬가지이다.

분량	틀	재료	난이도	소비기한
아이싱 시폰케이크 1개	지름 18㎝ 시폰틀 2호 1개	시폰케이크 · 1개 생크림 · 300g, 설탕 · 30g	★★ ☆ ☆	냉장 2~3일

아이싱 시폰케이크 만들기

Making
Icing Chiffon Cake

[생크림 휘핑 단계]

0%

액체 상태

50%

살짝 무게감이 느껴지는 정도.

70%

크림에 점도가 생긴다.
요거트 정도의 질감.

90%

윤기가 흐르며 아이싱이나
데커레이션할 때 사용한다.

100%

단단한 크림으로 아이싱보다는
주로 필링용 크림으로 사용한다.

110%~

윤기가 사라지고 유지방이 분리되며
느끼한 맛의 순두부 같은 제형이 된다.

1 완전히 식은 시폰케이크를 위 아래 4:6 비율로
슬라이스한다.

2 생크림에 설탕을 넣고 90%까지 휘핑해 아이싱용 크림을
만든다.

3 아이싱용 크림 70g을 덜어 100%까지 휘핑해 필링용
크림을 만든다.

4 필링용 크림을 자른 시폰케이크의 아랫부분에 짜거나
스패튤러로 펴 바른 뒤 시폰케이크 윗면을 덮는다.

5 시폰케이크를 돌림판 중앙에 놓고 중심을 맞춘다.

6 스패튤러를 수평으로 잡고 윗면에 아이싱용 크림을 얇게
발라 애벌 아이싱을 시작한다.

> **Tip** 케이크 크럼이 날려 완성품 겉면에 묻는 것을 방지할 수
> 있다.

7 스패튤러를 사선으로 세워 옆면과 중앙의 구멍 안쪽에도
크림을 발라 애벌 아이싱을 마친다.

Chef's Tip ────────────────────────────────────

○ 크림이 흘러내리지 않도록 아이싱을 시작하기 전에 텍스처를 잘 맞춰서 사용한다. 단 너무 많이 치대면 맛이 느끼해질 수 있으니 주의한다.

○ 시폰케이크는 밀도가 낮아 생크림의 무게로 인해 망가질 수 있기 때문에 슬라이스해 냉동한 뒤 아이싱하는 것이 좋다.
냉동된 상태로 아이싱해도 밀도가 낮은 만큼 금방 해동되며 수분이 거의 나오지 않아 유용한 방법이다.

8 아이싱용 크림을 듬뿍 올려 정식으로 아이싱을 시작한다.
9 돌림판을 돌려 가며 윗면의 크림을 평평하게 펼친 뒤
  옆면에도 크림을 고르게 바른다.
  Tip 시폰케이크의 옆면은 사선이므로 스패튤러도 살짝
  기울여 아이싱한다.

10 중앙의 구멍에 크림을 넣고 스패튤러를 직각으로 세워
   바른다.
11 윗면과 아랫면을 깔끔하게 정리한다.

Chef's Tip
○ 여러 단으로 쌓거나 케이크 사이에 들어 가는 필링의 양이 많으면 시폰케이크가 주저앉을 수 있으므로 필링은 한 단만 넣는다.
  밀도가 높은 시폰케이크를 2~3단으로 쌓는 경우도 있으나 부피가 크게 줄어들 수 있다.
○ 아이싱 작업은 매끄러운 옆면을 만드는 것이 중요하므로 무게감 있고 부드럽게 돌아 가는 스테인리스 재질의 돌림판을 추천한다.
○ 빵칼을 토치나 뜨거운 물에 데우면 완성된 케이크를 깔끔하게 자를 수 있다.

분량	틀	굽기	난이도	소비기한
폭 3.5cm 롤케이크 6개	½ 빵팬(39×29×4.5cm) 1장 혹은 패밀리팬 (33.5×26×4.5cm) 1장	데크오븐 윗불 180℃, 아랫불 160℃ 컨벡션오븐 170℃, 15분	★★★★★	냉장 2~3일

시폰 롤케이크 만들기

Making
Chiffon Roll Cake

─────── **READY** ─────── **INGREDIENTS** ───────

☐ 오븐 예열
　　데크오븐 185℃
　　컨백선오븐 180℃
☐ 70℃ 중탕물 준비
☐ 노른자는 실온, 흰자는 냉장 온도로 준비하기
☐ 카놀라유와 물+우유 35℃로 데우기

노른자 · 72g	옥수수전분 · 12g
설탕A · 25g	베이킹파우더 · 2g
소금 · 1g	흰자 · 148g
카놀라유 · 35g	설탕B · 60g
물 · 22g	–
우유 · 22g	생크림 · 300g
박력분 · 60g	설탕 · 30g

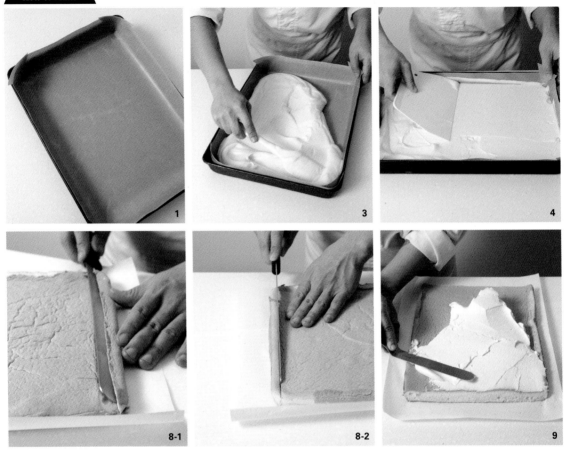

1 ½빵팬 혹은 패밀리팬에 테플론 시트를 알맞게 재단해 깐다.

2 기본 시폰케이크(p.28) 레시피의 8번까지 동일하게 진행해
  반죽을 만든다.

3 반죽을 준비한 팬에 팬닝하고 모서리부터 채우며 펼친다.

4 스크레이퍼를 이용해 윗면을 평평하게 정리한다.

5 예열한 오븐에 넣고 굽기 온도로 낮춘 다음 15분 동안
  굽는다.

6 구워진 시트를 꺼내 옆면에 붙은 테플론 시트를 떼어 낸
  다음 식힘망에 옮겨 식힌다.

7 완전히 식은 시폰케이크 시트에 새 유산지를 덮고 뒤집은
  다음 붙어 있던 테플론 시트를 제거한다.

8 구움면이 위로 향하게 뒤집은 다음 끝부분은 사선으로,
  앞부분은 일자로 재단한다.

9 생크림에 설탕을 넣고 100%까지 휘핑해 전면에 펴 바른다.
  Tip 중심 부분에는 크림을 도톰하게 바르고 끝으로 갈수록
  얇게 바른다.

Chef's Tip
○ ½빵팬과 패밀리팬 중 원하는 팬을 골라 사용하면 된다. 패밀리팬이 약간 작기 때문에 조금 더 두꺼운 시트를 구울 수 있다.
○ 굽고 나면 수축되는 유산지 대신 테플론 시트를 사용하면 밑면이 예쁘게 구워진다.
○ 롤을 말 때는 망설이지 않고 한 번에 마는 것이 중요하다. 머뭇거리면 케이크 시트가 금방 찢어진다.

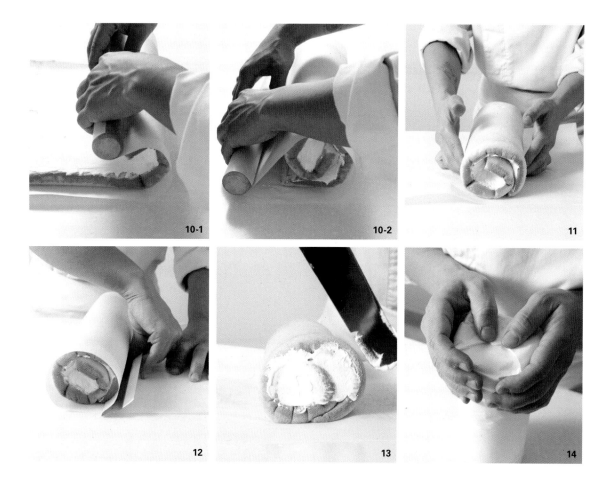

10 앞부분을 살짝 누른 뒤 힘을 빼고 쭉 밀어 동그랗게 만다.

11 말린 끝부분이 아랫면이 되도록 롤케이크를 유산지 중앙에 놓는다.

12 유산지를 다시 덮은 뒤 끝부분에 자를 대고 유산지를 당기며 단단하게 고정한다.

13 남은 크림을 양 옆에 바른다.

14 유산지로 감싼 뒤 냉장고에 넣고 6시간 이상 숙성시킨다.

15 3.5㎝ 너비로 재단한다.

Chef's Tip

○ 케이크 시트가 뜨거울 때 생크림을 올리면 녹을 수 있으니 충분히 식힌 후에 작업해야 한다.

○ 숙성시키는 공정(14번)을 건너뛰면 크림과 시트의 수분감 때문에 예쁘게 재단되지 않고 뭉개질 수 있다.
충분히 냉장 숙성시킨 다음 토치나 뜨거운 물로 칼을 가열해 자른다.

Q. 시폰케이크 틀이 없어요. 꼭 필요한가요?

시폰케이크 틀이 아닌, 다른 높은 케이크 틀에 굽게 되면 가벼운 반죽을 지지할 곳이 없어 구조를 채 형성하지 못한 채 주저앉습니다. 반드시 시폰케이크 틀을 사용해 주세요. 다만 시폰케이크 반죽을 롤케이크용으로 사용하기 위해 넓고 낮은 틀에 굽는 경우에는 같은 온도에 시간만 줄여 구우면 됩니다.

Q. 굽는 도중 오븐 안에서 시폰케이크가 부풀지 않거나 주저앉아요.

굽는 도중 오븐 문을 열어 온도가 떨어졌거나 처음부터 굽는 온도가 낮았기 때문입니다. 온도가 낮으면 오븐스프링이 일어나지 않아 반죽이 부풀지 못해 주저앉아요. 혹은 머랭을 너무 약하게 만들어서 부풀 힘이 모자랐기 때문입니다.

부풀지 못한 제품　　　　　정상적인 제품

Q. 시폰케이크가 틀에서 분리된 채로 구워졌어요.

틀에 이형제를 발랐다면 틀에서 떨어진 채로 구워질 수 있습니다. 시폰케이크 반죽은 틀에 달라붙어 부풀어야 하니 이형제는 바르지 말아 주세요. 또 반죽에 페이스트 등 유분기 많은 재료를 넣었거나 오일이 잘 유화되지 않았을 경우 유분이 반죽 표면으로 겉돌아 틀에서 분리될 수 있습니다.

Q. 시폰케이크의 속이 폭신폭신하지 않고 축축해요.

덜 익은 시폰케이크의 대표적인 증상입니다. 물론 반죽에 수분이 너무 많거나 머랭을 덜 올려도 축축한 느낌이 듭니다.

Q. 구워진 제품의 높이가 너무 낮아요.

머랭이 꺼진 탓입니다. 머랭을 너무 단단하게 만들면 노른자 반죽과 잘 섞이지 못하는데 이때 덩어리진 머랭을 풀기 위해 과하게 휘저으면 머랭이 꺼지게 됩니다. 그 밖에 머랭을 너무 약하게 만들었거나, 적절히 만들었어도 섞는 방법이 잘못되었다면 머랭이 꺼질 수 있습니다. 일반적으로 단단하게 만든 머랭을 사용하면 제품과 기공의 부피가 작아지고, 약하게 만든 머랭을 사용하면 제품의 기공과 부피가 커진다고 생각하면 됩니다.

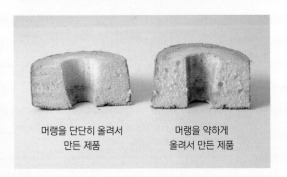

머랭을 단단히 올려서　　　머랭을 약하게
　　만든 제품　　　　　올려서 만든 제품

Q. 구운 후에 시폰케이크가 찌그러졌어요.

완전히 식기 전, 혹은 충분히 숙성되기 전에 충격이 가해졌기 때문입니다. 시폰케이크는 완전히 식을 때까지는 수분을 많이 머금고 있으니 틀에서 분리하지 말고 그대로 뒤집어 식혀 주세요. 또 완전히 식었더라도 너무 세게 잡거나 떨어뜨리면 찌그러질 수 있습니다. 혹은 근본적인 레시피 문제일 수도 있습니다. 예를 들어 쌀가루가 들어 가는데 전분이나 아몬드가루 등의 재료가 더해지지 않았다면 주저앉거나 찌그러질 수 있어요.

Q. 시폰케이크를 분리해 보면 옆면에 구멍이 나 있거나 찢어져 있어요.

시폰케이크용 스패튤러나 칼 등으로 분리하다가 제품을 찌른 경우입니다. 시폰케이크는 아주 가볍고 약하기 때문에 조금만 찢어져도 크게 구멍이 날 수 있습니다.

Q. 윗면에 크랙이 생기지 않아요.

시폰케이크 윗면의 자연스러운 크랙은 수분 때문에 생깁니다. 크랙이 생기지 않았다는 것은 가루 재료를 과하게 섞어 수분을 다 흡수해 버렸기 때문입니다. 레시피에 수분을 20% 이상 늘려 구워 주세요.

Q. 윗부분만 수축되었어요.

오븐 온도가 너무 높거나 굽는 시간이 길었을 경우 윗면이 수축될 수 있습니다. 혹은 반죽을 만들 때 과하게 휘저어 글루텐 형성이 많이 되었기 때문입니다. 특히 액체 재료 등 묽은 재료가 많이 들어갈수록 구조를 잡는 머랭이나 가루 재료들이 힘을 쓸 수 없기 때문에 머랭도 더 조심스럽게 섞어야 합니다. 만약 이런 현상이 자주 반복된다면 가루 양을 10~20% 늘려 만들어 보세요.

Q. 밑부분만 움푹 들어가 솟아올랐어요.

첫째로 수분이 반죽에 고루 섞이지 않았기 때문입니다. 이 경우 채 섞이지 못한 수분이 반죽 아래로 가라앉기 때문에 아랫부분은 아무리 오래 구워도 잘 익지 않아 찌그러지거나 무너질 수 있습니다. 둘째로 머랭을 너무 약하게 만들었기 때문입니다. 시폰케이크는 머랭의 힘으로 부푸는 케이크이기 때문에 머랭의 힘이 약하면 제품의 구조가 약해 수축될 수 있습니다.

Q. 시폰케이크의 속이 비었어요(큰 기공이 너무 많아요).

기공이 아주 크게 난 상태입니다. 여러 가지 이유가 있는데 첫째로 반죽을 팬닝할 때 한 번에 붓지 않고 여러 번에 걸쳐 넣거나 오븐에 넣기 전 충격을 너무 세게 줘 반죽과 반죽 사이에 공간이 생겼기 때문입니다. 둘째로 말차가루나 코코아파우더 등 재료의 유분이 잘 섞이지 않고 새어 나왔기 때문입니다. 마지막으로 머랭이 잘 섞이지 않았기 때문입니다. 잘 섞이지 않은 머랭이 녹으면서 그 자리에 구멍이 생긴 것이지요. 이 현상을 응용해서 일부러 섞이지 않은 머랭을 군데군데 넣어 무늬를 연출하기도 한답니다. 대체적으로 머랭을 잘못 만들었을 경우 반죽의 결이 거칠어지면서 기공도 커집니다.

Q. 시폰케이크의 윗부분과 아랫부분의 색이 달라요.

오븐의 온도가 잘 맞는지 확인해야 합니다. 설정한 온도보다 너무 높거나 낮지 않은지, 내부 온도가 균일한지 체크해 주세요. 가정용 컨벡션오븐은 성능이 낮아 이러한 현상이 더 많은 편입니다. 또 반죽이 잘 섞이지 않아 수분이 가라앉았거나 너무 많이 섞여 비중이 커지면서 가루 재료가 반죽 아래쪽으로 가라앉은 경우입니다. 두 경우 모두 아래쪽은 밀도가 높아 잘 익지 않고 위쪽은 밀도가 높아 금방 익어 버려 불균형이 생긴 것이지요.

Q. 윗부분이 너무 질겨요.

팬닝한 반죽의 양이 너무 적었기 때문입니다. 적은 양의 반죽이 너무 많이 익으면 윗부분이 점점 수축되고 질겨집니다. 대부분 머랭을 섞는 과정에서 머랭이 많이 꺼져 발생하는 현상입니다. 굽는 시간을 줄여서 어느 정도 해결할 수는 있으나 궁극적인 해결책은 아니며 질 좋은 머랭을 꺼뜨리지 않고 잘 섞는 스킬을 갖추는 것이 가장 바람직한 해결책입니다.

Icing Chiffon Cake

1

아이싱 시폰케이크

겉모습도 맛도 자칫 심심하게 느껴질 수 있는 시폰케이크에 다양한 필링을 넣고 달콤한 크림을 발라 만든 홀케이크이다.
크림을 아이싱하는 법만 알면 누구나 특별한 날을 기념할 멋진 케이크를 만들 수 있다.
일반 케이크에 비해 크림이 적고 식감이 가벼워 누구나 호불호 없이 맛있게 즐길 수 있다.

분량	틀	굽기	난이도	소비기한
시폰케이크 1개	지름 18cm 시폰틀 2호 1개	데크오븐 윗불 180℃, 아랫불 160℃ 컨벡션오븐 170℃, 25~30분	★★☆☆☆	냉장 2~3일

바닐라 시폰케이크

Vanilla
Chiffon Cake

INGREDIENTS

바닐라 시폰케이크
노른자 · 72g
설탕A · 25g
소금 · 1g
바닐라 빈 · ½개
바닐라 엑스트렉트 · 5g
카놀라유 · 35g
물 · 22g

우유 · 22g
박력분 · 30g
강력분 · 30g
옥수수전분 · 12g
흰자 · 148g
설탕B · 55g

바닐라 크림
생크림 · 250g
설탕 · 40g
바닐라 엑스트렉트 · 2g
바닐라 빈 · ½개

몽타주
바닐라 빈 깍지 · 2개
바닐라 빈 파우더 · 적당량

바닐라 시폰케이크

1 볼에 노른자, 설탕A, 소금, 바닐라 빈의 씨, 바닐라
엑스트렉트를 넣고 가볍게 섞은 다음 중탕물에 올려
35℃까지 덥힌다.

2 카놀라유, 물+우유를 각각 중탕물에 올려 35℃까지 덥힌
다음 1에 차례대로 넣으며 고르게 유화시킨다.

3 가루 재료를 체 쳐 넣고 고루 섞는다.
　Tip 제품의 부피를 더 크게 만들고 싶다면 베이킹파우더를 2g
추가하면 된다. 단, 제품의 기공 또한 커질 수 있다.

4 차갑게 보관한 흰자에 설탕B를 3번에 나눠 넣으며 휘핑해
머랭을 100%까지 올린다.

5 3의 반죽에 머랭을 ⅓씩 나눠 넣으며 가볍게 섞는다.

6 준비한 틀에 팬닝한 다음 170℃로 예열된 컨벡션오븐에서
25~30분 동안 굽는다.

7 구워지자마자 뒤집어 완전히 식힌다.

14-2

14-1

15

바닐라 크림

8 볼에 생크림, 설탕, 바닐라 엑스트렉트를 넣고 가볍게
섞는다.

9 바닐라 빈을 반으로 갈라 씨를 긁어낸 다음 생크림에
적시며 고운 체로 거른다.

> Tip 바닐라 빈의 섬유질을 거르는 작업으로 생략 가능하다.

10 중속으로 90%까지 휘핑해 아이싱용 크림을 만든다.

11 아이싱용 크림 70g을 덜어 100%까지 휘핑해 필링용
크림을 만든다.

12 두 종류의 크림을 냉장고에 보관하다가 사용하기 직전
되기를 다시 맞춘다.

몽타주

13 완전히 식은 시폰케이크를 틀에서 분리해 위 아래 4:6
비율로 슬라이스한다.

14 자른 시폰케이크의 아랫부분에 필링용 크림을 펴 바른 뒤
윗부분을 덮는다.

15 돌림판 중앙에 놓고 아이싱용 크림을 바른다.

16 남은 아이싱용 크림으로 윗면을 장식한다.

17 바닐라 빈 파우더를 뿌리고 바닐라 빈 깍지를 올린다.

분량	틀	굽기	난이도	소비기한
시폰케이크 1개	지름 18㎝ 시폰틀 2호 1개	데크오븐 윗불 180℃, 아랫불 160℃ 컨벡션오븐 170℃, 25~30분	★★★★★	냉장 2~3일

얼그레이 시폰케이크

Earl Grey Chiffon Cake

INGREDIENTS

얼그레이 시폰케이크
얼그레이 찻잎 · 4g
우유 · 60g
노른자 · 72g
설탕A · 22g
소금 · 1g
카놀라유 · 35g

강력분 · 30g
박력분 · 30g
옥수수전분 · 12g
흰자 · 148g
설탕B · 52g

얼그레이 크림
얼그레이 찻잎 · 4.5g
생크림 · 300g
마스카르포네 치즈 · 15g
설탕 · 34g
홍차 리큐어 · 6g

몽타주
수레국화 · 적당량

얼그레이 시폰케이크

1 얼그레이 찻잎과 우유를 냄비에 넣고 가열해 끓어오르면 불을 끄고 마른 행주나 면포를 덮은 다음 5분 정도 우린다.

2 체에 거른 다음 50g을 계량하고, 만약 모자라면 우유를 첨가한다.

3 볼에 노른자, 설탕A, 소금을 넣고 가볍게 섞은 뒤 중탕물에 올려 35℃까지 덥힌다.

4 카놀라유와 2의 얼그레이 우유를 각각 중탕물에 올려 35℃까지 덥힌 뒤 카놀라유 전량과 우유 절반을 3에 차례대로 넣으며 고르게 유화시킨다.

5 가루 재료를 체 쳐 넣고 가볍게 섞은 다음 남은 얼그레이 우유를 천천히 부으며 고루 섞는다.

> **Tip** 남은 우유가 식었을 경우에는 35℃ 정도로 데우면 더욱 고르게 섞인다. 물론 식기 전에 넣는 것이 가장 좋다.

6 차갑게 보관한 흰자에 설탕B를 3번에 나눠 넣으며 휘핑해 100% 머랭을 만든다.

7 5의 반죽에 머랭을 ⅓씩 나눠 넣으며 가볍게 섞는다.

8 준비한 틀에 팬닝한 다음 170℃로 예열된 컨벡션오븐에서 25~30분 동안 굽는다.

9 구워지자마자 뒤집어 완전히 식힌다.

얼그레이 크림

10 얼그레이 찻잎과 생크림을 냄비에 넣고 가열한다.

11 생크림이 끓어오르면 불을 끄고 마른 행주나 면포를 덮어
20분 동안 우린다.

12 밀착 랩핑한 다음 냉장고에서 하루 동안 숙성시킨다.

13 부드럽게 푼 마스카르포네 치즈에 설탕을 넣고 잘 섞는다.

14 냉장고에 넣어 둔 크림을 체에 걸러 13에 넣고 잘 섞은 뒤
홍차 리큐어를 넣는다.

15 중속으로 90%까지 휘핑해 아이싱용 크림을 만든다.

16 아이싱용 크림 70g을 덜어 100%까지 휘핑해 필링용
크림을 만든다.

17 두 종류의 크림을 냉장고에 보관하다가 사용하기 직전
되기를 다시 맞춘다.

몽타주

18 완전히 식은 시폰케이크를 틀에서 분리해 위 아래 4:6
비율로 슬라이스한다.

19 자른 시폰케이크의 아랫부분에 필링용 크림을 펴 바른 뒤
윗부분을 덮는다.

20 돌림판 중앙에 놓고 아이싱용 크림을 바른다.

21 남은 아이싱용 크림으로 장식한 다음 수레국화를 올려
마무리한다.

분량	틀	굽기	난이도	소비기한
시폰케이크 1개	지름 18cm 시폰틀 2호 1개	데크오븐 윗불 180℃, 아랫불 160℃ 컨벡션오븐 170℃, 25~30분	★★☆☆☆	냉장 2~3일

흑임자 시폰케이크

Black Sesame
Chiffon Cake

INGREDIENTS

흑임자 페이스트
물A · 50g
설탕 · 90g
흑임자가루 · 126g
물B · 90g

흑임자 시폰케이크
노른자 · 72g
설탕A · 35g
카놀라유 · 35g
물 · 10g
우유 · 20g
흑임자 페이스트 · 90g
박력쌀가루 · 70g
옥수수전분 · 25g
아몬드가루 · 15g
베이킹파우더 · 2g
흰자 · 152g
설탕B · 55g

검은깨&참깨강정
물엿 · 15g
설탕 · 4g
검은깨 · 25g
참깨 · 25g

흑임자 크림
마스카르포네 치즈 · 75g
생크림 · 300g
설탕 · 52g
흑임자 페이스트 · 120g

흑임자 페이스트

1 냄비에 물A와 설탕을 넣고 설탕이 녹을 정도로 끓여 시럽 90g을 준비한다.

2 모든 재료를 핸드블렌더로 섞어 페이스트를 만든다.

흑임자 시폰케이크

3 볼에 노른자와 설탕A를 넣고 가볍게 섞은 다음 중탕물에 올려 35℃까지 덥힌다.

4 뽀얀 미색이 될 때까지 휘핑한다.

> **Tip** 쌀가루는 수분 흡수율이 낮은 재료이기에 노른자에도 공기층을 넣어 액체와 가루 재료들이 잘 섞일 수 있도록 한다.

5 카놀라유, 물+우유를 각각 중탕물에 올려 35℃까지 덥힌 다음 4에 차례대로 넣으며 고르게 유화시킨다.

6 35℃로 데운 흑임자 페이스트를 넣고 잘 섞는다.

7 가루 재료를 체 쳐 넣고 고루 섞는다.

> **Tip** 쌀가루로 만드는 반죽은 밀가루를 넣는 일반적인 반죽보다 가루 재료량이 많아야 제품의 구조가 잘 잡힌다.

8 차갑게 보관한 흰자에 설탕B를 3번에 나눠 넣으며 휘핑해 머랭을 90%까지 올린다.

> **Tip** 쌀가루는 수분 흡수율이 낮은 재료이기에 머랭을 100%까지 휘핑하면 반죽에 잘 섞이지 않아 오히려 거품이 꺼질 수 있다.

9 7의 반죽에 머랭을 ⅓씩 나눠 넣으며 가볍게 섞는다.

10 준비한 틀에 팬닝한 다음 170℃로 예열된 컨벡션오븐에서 25~30분 동안 굽는다.

11 구워지자마자 뒤집어 완전히 식힌다.

검은깨&참깨강정

12 물엿과 설탕을 냄비에 넣고 120℃까지 끓여 시럽을 만든다.
　Tip 설탕이 하얗게 재결정화될 수 있으므로 가열하는 동안은
　젓거나 충격을 가하지 않는다.

13 검은깨와 참깨를 섞어 시럽에 넣고 한덩이로 뭉쳐질 때까지
　볶는다.

14 섞은 깨를 도마 위에 올린 뒤 1㎝ 각봉을 놓고 밀어 펴며
　모양을 잡는다.

15 식기 전에 2㎝ 크기의 정사각형으로 자른다.

흑임자 크림

16 마스카르포네 치즈를 부드럽게 푼 다음 생크림과 설탕을
　넣고 휘핑한다.

17 70% 정도 휘핑했을 때 흑임자 페이스트를 넣고 계속해서
　90%까지 휘핑한다.

18 아이싱용 크림 70g을 덜어 100%까지 휘핑해 필링용
　크림을 만든다.

19 두 종류의 크림을 냉장고에 보관하다가 사용하기 직전
　되기를 다시 맞춘다.

몽타주

20 완전히 식은 시폰케이크를 틀에서 분리해 위 아래 4:6
　비율로 슬라이스한다.

21 자른 시폰케이크의 아랫부분에 필링용 크림을 펴 바른 뒤
　윗부분을 덮는다.

22 돌림판 중앙에 놓고 아이싱용 크림을 바른다.

23 남은 아이싱용 크림을 윗면에 짜고 깨강정을 올려
　마무리한다.

분량	틀	굽기	난이도	소비기한
시폰케이크 1개	지름 18㎝ 시폰틀 2호 1개	데크오븐 윗불 180℃, 아랫불 160℃ 컨벡션오븐 170℃, 25~30분	★★☆☆☆	냉장 2~3일

시로이 시폰케이크

White
Chiffon Cake

INGREDIENTS

시로이 시폰케이크
우유 · 40g
바닐라 엑스트렉트 · 5g
카놀라유 · 50g
흰자A · 50g
박력분 · 25g

강력분 · 25g
옥수수전분 · 15g
아몬드가루 · 15g
흰자B · 220g
설탕 · 90g

우유 크림
마스카르포네 치즈 · 40g
연유 · 10g
생크림 · 250g
설탕 · 25g
우유 리큐어 · 4g

몽타주
데코젤미로와 · 적당량

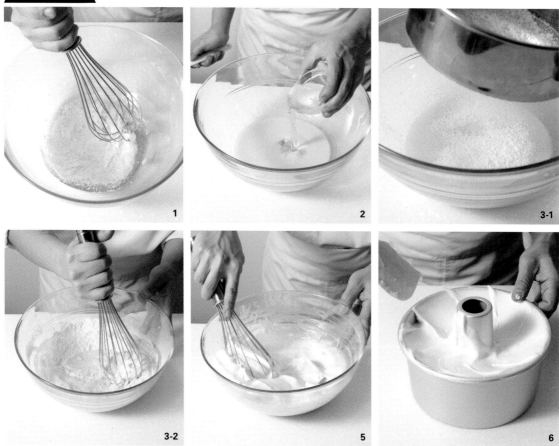

시로이 시폰케이크

1 우유와 바닐라 엑스트렉트를 카놀라유에 넣고 섞어
   중탕물에 올린 뒤 35℃까지 덥힌다.

2 실온에 둔 흰자A를 넣고 섞는다.
   Tip 노른자 없이 흰자로만 만드는 제품으로 일반
   시폰케이크에 비해 반죽이 가벼워 기공이 크게 형성되는
   특징이 있다.

3 가루 재료를 체 쳐 넣고 고루 섞는다.

4 차갑게 보관한 흰자B에 설탕을 3번에 나눠 넣으며 휘핑해
   머랭을 100%까지 올린다.

5 3의 반죽에 머랭을 ⅓씩 나눠 넣으며 가볍게 섞는다.

6 준비한 틀에 팬닝한 다음 170℃로 예열된 컨벡션오븐에서
   25~30분 동안 굽는다.

7 구워지자마자 뒤집어 완전히 식힌다.

우유 크림

8 마스카르포네 치즈와 연유를 볼에 넣고 부드럽게 푼다.

9 나머지 재료를 넣고 고르게 섞는다.

10 중속으로 90%까지 휘핑해 아이싱용 크림을 만든다.

11 냉장고에 보관하다가 사용하기 직전 되기를 다시 맞춘다.

몽타주

12 완전히 식은 시폰케이크를 틀에서 분리해 돌림판 중앙에 놓고 중심을 맞춘다.

13 아이싱용 크림을 바르고 팔레트나이프를 이용해 장식한다.

14 윗면에 데코젤미로와를 짜서 완성한다.

분량	틀	굽기	난이도	소비기한
미니 시폰케이크 4개	지름 10㎝ 미니 시폰틀 4개, ½빵팬(39×29×4.5㎝) 1장	데크오븐 윗불 180℃, 아랫불 160℃ 컨벡션오븐 170℃, 15분	★★★☆☆	냉장 2~3일

카스텔라 시폰케이크

Castella
Chiffon Cake

INGREDIENTS

기본 시폰케이크
노른자 · 144g
설탕A · 50g
소금 · 2g
바닐라 엑스트렉트 · 10g
카놀라유 · 70g
물 · 44g

우유 · 64g
박력분 · 130g
베이킹파우더 · 4g
옥수수전분 · 24g
흰자 · 300g
설탕B · 120g

우유 크림
마스카르포네 치즈 · 20g
연유 · 8g
생크림 · 125g
설탕 · 13g
우유 리큐어 · 4g

디플로마트 크림
생크림A · 37g
우유 · 112g
노른자 · 27g
설탕A · 34g
바닐라 빈 · ½개
커스터드파우더 · 15g
젤라틴 · 1.5g
생크림B · 440g
설탕B · 44g

기본 시폰케이크

1 볼에 노른자, 설탕A, 소금, 바닐라 엑스트렉트를 넣고 가볍게 섞은 다음 중탕물에 올려 35℃까지 덥힌다.

2 카놀라유, 물+우유를 각각 중탕물에 올려 35℃까지 덥힌 다음 1에 차례대로 넣으며 고르게 유화시킨다.

3 가루 재료를 체 쳐 넣고 고루 섞는다.

4 차갑게 보관한 흰자에 설탕B를 3번에 나눠 넣으며 휘핑해 머랭을 100%까지 올린다.

5 3의 반죽에 머랭을 ⅓씩 나눠 넣으며 가볍게 섞는다.

6 미니 시폰틀 4개와 유산지를 깐 ½빵팬 1장에 팬닝한다.

> **Tip** ½빵팬 1장 대신 일반 시폰틀 1개를 사용해 170℃ 오븐에서 25분 동안 구워도 좋다.

7 170℃로 예열된 컨벡션오븐에서 15분 동안 굽는다.

8 미니 시폰케이크는 뒤집고 ½빵팬에 구운 시트는 옆면에 붙은 유산지를 떼어 낸 다음 식힘망에 옮겨서 완전히 식힌다.

9 ½빵팬에 구운 시트의 구움색이 난 부분을 제거해 얼린 다음 푸드프로세서에 갈아 카스텔라 고물을 만든다.

우유 크림

10 마스카르포네 치즈와 연유를 볼에 넣고 부드럽게 푼다.

11 나머지 재료를 넣고 고르게 섞은 다음 중속으로 90%까지 휘핑한다.

12 냉장고에 보관하다가 사용하기 직전 되기를 다시 맞춘다.

디플로마트 크림

13 냄비에 생크림A와 우유를 넣고 끓인다.

14 볼에 노른자를 풀고 설탕A, 바닐라 빈의 씨와 깍지,
커스터드파우더를 넣어 섞는다.

15 13이 살짝 끓으면 14에 절반만 붓고 섞은 다음 냄비에
다시 넣고 끓인다.

16 찬물에 불려 물기를 제거한 젤라틴을 넣고 섞은 뒤 95℃
이상으로 끓여 파티시에 크림을 만든다.

17 트레이에 옮긴 뒤 밀착 랩핑하여 냉장 보관한다.

18 차가운 볼에 생크림B와 설탕B를 넣고 70%까지 휘핑해
샹티이 크림을 만든다.

19 차갑게 식은 파티시에 크림 220g을 부드럽게 풀고 샹티이
크림을 혼합해 디플로마트 크림을 만든다.

20 디플로마트 크림을 90%까지 휘핑한다.

21 냉장고에 보관하다가 사용하기 직전 되기를 다시 맞춘다.

몽타주

22 완전히 식은 시폰케이크를 틀에서 분리해 돌림판 중앙에
놓고 중심을 맞춘다.

23 우유 크림으로 아이싱한 다음 미리 만든 카스텔라 고물을
고루 묻힌다.

24 중앙에 디플로마트 크림을 짜 넣고 카스텔라 고물을
수북하게 덮는다.

분량	틀	굽기	난이도	소비기한
시폰케이크 1개	지름 18cm 시폰틀 2호 1개	데크오븐 윗불 180℃, 아랫불 160℃ 컨벡션오븐 170℃, 25~30분	★★★☆☆	냉장 2~3일

쑥즈베리 시폰케이크

Mugwort Raspberry Chiffon Cake

INGREDIENTS

쑥 시폰케이크
노른자 · 72g
설탕A · 30g
카놀라유 · 35g
물 · 38g
우유 · 40g
박력분 · 68g
쑥가루 · 15g
아몬드가루 · 10g
베이킹파우더 · 2g
흰자 · 150g
설탕B · 60g

라즈베리 콩포트
설탕 · 35g
옥수수전분 · 2g
라즈베리 퓌레 · 20g
산딸기 · 100g
바닐라 빈 깍지 · 1~2개
레몬 즙 · 10g

오미자 젤리
오미자엑기스 · 50g
젤라틴 · 5g

쑥 디플로마트 크림
쑥가루 · 10g
생크림A · 50g
우유 · 150g
노른자 · 36g
설탕A · 47g
커스터드파우더 · 20g
생크림B · 200g
설탕B · 30g
라즈베리 리큐어 · 6g

몽타주
산딸기 · 적당량

65

4-1

4-2

6

7

쑥 시폰케이크

1 볼에 노른자와 설탕A를 넣고 가볍게 섞은 다음 중탕물에 올려 35℃까지 덥힌다.

2 카놀라유, 물+우유를 각각 중탕물에 올려 35℃까지 덥힌다.

3 카놀라유 전량과 물+우유 절반을 차례대로 넣으며 고르게 유화시킨다.

4 가루 재료를 체 쳐 넣고 가볍게 섞은 다음 남은 물+우유를 천천히 부으며 고루 섞는다.

   Tip 남은 우유가 식었을 경우에는 35℃ 정도로 데우면 더욱 고르게 섞인다. 물론 식기 전에 넣는 것이 가장 좋다.

5 차갑게 보관한 흰자에 설탕B를 3번에 나눠 넣으며 휘핑해 머랭을 90%까지 올린다.

   Tip 쑥가루는 수분 흡수율이 낮고 무게감이 있는 재료이기에 머랭을 100%까지 휘핑하면 반죽에 잘 섞이지 않아 오히려 거품이 꺼질 수 있다.

6 4의 반죽에 머랭을 ⅓씩 나눠 넣으며 가볍게 섞는다.

7 준비한 틀에 팬닝한 다음 170℃로 예열된 컨벡션오븐에서 25~30분 동안 굽는다.

8 구워지자마자 뒤집어 완전히 식힌다.

11-1

11-2

12

13

라즈베리 콩포트

9 설탕과 옥수수전분을 섞는다.

> **Tip** 옥수수전분을 단독으로 사용할 경우 덩어리질 수 있으므로 반드시 설탕과 섞어서 사용한다.

10 냄비에 라즈베리 퓌레, 산딸기, 바닐라 빈 깍지를 넣고 40℃까지 데운 다음 9를 넣고 계속 섞으며 가열한다.

> **Tip** 바닐라 빈 깍지는 없으면 생략해도 좋다.

> **Tip** 너무 낮은 온도에 설탕과 옥수수전분을 넣으면 덩어리질 수 있다.

11 점도가 생기면 레몬 즙을 넣고 식힌 다음 짤주머니에 담아 냉장 보관한다.

> **Tip** 레몬 즙은 높은 온도에서 향이 날아가기 때문에 마지막에 넣는다. 하지만 직접 착즙하여 사용하면 높은 온도에서도 향이 보존된다.

오미자 젤리

12 오미자 엑기스를 살짝 끓인 다음 찬물에 불려 물기를 제거한 젤라틴을 넣어 녹인다.

13 적당한 크기의 트레이에 부어 식힌 뒤 냉장 보관한다.

쑥 디플로마트 크림

14 냄비에 쑥가루를 넣고 생크림A와 우유를 조금씩 넣어 가며
   푼 뒤 끓인다.
15 볼에 노른자를 풀고 설탕A와 커스터드파우더를 넣어
   섞는다.
16 14가 살짝 끓으면 15에 절반만 붓고 섞은 다음 냄비에
   다시 넣고 95℃ 이상으로 끓여 파티시에 크림을 만든다.
   `Tip` 디플로마트 크림에는 일반적으로 젤라틴을 넣지만
   쑥가루에는 점성이 있기에 젤라틴을 넣지 않아도 된다.
17 트레이에 옮긴 다음 밀착 랩핑하여 냉장 보관한다.
18 차가운 볼에 생크림B, 설탕B, 라즈베리 리큐어를 넣고
   70%까지 휘핑해 샹티이 크림을 만든다.

19 차갑게 식은 파티시에 크림 130g을 부드럽게 풀고 샹티이
   크림을 혼합해 디플로마트 크림을 만든다.
20 디플로마트 크림을 90%까지 휘핑해 아이싱용 크림을
   만든다.
21 아이싱용 크림 70g을 덜어 100%까지 휘핑해 필링용
   크림을 만든다.
22 두 종류의 크림을 냉장고에 보관하다가 사용하기 직전
   되기를 다시 맞춘다.

몽타주

23 완전히 식은 시폰케이크를 틀에서 분리해 위 아래 4:6
비율로 슬라이스한다.

24 자른 시폰케이크의 아랫부분에 필링용 크림을 펴 바른 뒤
산딸기를 올리고 라즈베리 콩포트를 짠다.

25 시폰케이크 윗부분을 덮은 다음 돌림판 중앙에 놓고
아이싱용 크림을 바른다.

26 남은 아이싱용 크림과 파티시에 크림, 샹티이 크림(분량
외)과 라즈베리 크림(분량 외)을 짠다.

　　Tip 라즈베리 크림은 샹티이 크림에 라즈베리 콩포트를 조금
섞어 만든다.

27 라즈베리 콩포트를 채운 산딸기와 작게 자른 오미자 젤리를
올려 마무리한다.

분량	틀	굽기	난이도	소비기한
시폰케이크 1개	지름 18cm 시폰틀 2호 1개	데크오븐 윗불 180℃, 아랫불 160℃ 컨벡션오븐 170℃, 25~30분	★★★☆☆	냉장 2~3일

말차 화이트 가나슈 시폰케이크

Matcha White Ganache
Chiffon Cake

─── INGREDIENTS ───

말차 시폰케이크
노른자 · 70g
설탕A · 32g
카놀라유 · 50g
물 · 72g
우유 · 18g

박력분 · 70g
베이킹파우더 · 2g
말차가루 · 15g
흰자 · 182g
설탕B · 56g

말차 가나슈 몽테
말차가루 · 10g
생크림 · 300g
화이트초콜릿 · 60g

화이트초콜릿 가나슈
생크림 · 75g
젤라틴 · 2g
화이트초콜릿 · 50g

몽타주
화이트초콜릿 장식물 · 적당량

4-1

4-2

4-3

6

7

말차 시폰케이크

1 볼에 노른자와 설탕A를 넣고 가볍게 섞은 다음 중탕물에 올려 35℃까지 덥힌다.

2 카놀라유, 물+우유를 중탕물에 올려 35℃까지 덥힌다.

3 카놀라유 전량, 물+우유 절반을 차례대로 넣으며 고르게 유화시킨다.

4 가루 재료를 체 쳐 넣고 가볍게 섞은 다음 남은 물+우유를 천천히 부으며 고루 섞는다.

5 차갑게 보관한 흰자에 설탕B를 3번에 나눠 넣으며 휘핑해 머랭을 90%까지 올린다.

　　Tip 말차가루의 유분과 무게감 때문에 머랭을 100%까지 휘핑하면 반죽에 잘 섞이지 않아 오히려 거품이 꺼질 수 있다.

6 4의 반죽에 머랭을 소량 넣고 완벽하게 섞은 다음 남은 머랭을 2번에 나눠 넣고 가볍게 섞는다.

7 준비한 틀에 팬닝한 다음 170℃로 예열된 컨벡션오븐에서 25~30분 동안 굽는다.

8 구워지자마자 뒤집어 완전히 식힌다.

말차 가나슈 몽테

9 냄비에 말차가루를 넣고 생크림을 조금씩 부어 가며 잘
  섞은 뒤 45℃까지 가열한다.

10 체에 걸러 45℃로 녹인 화이트초콜릿에 붓고 잘 섞은 다음
  핸드블렌더로 유화시킨다.

11 가나슈 몽떼를 충분히 식힌 뒤 밀착 랩핑해 냉장고에 넣고
  12시간 이상 숙성시킨다.

12 중속으로 90%까지 휘핑해 아이싱용 크림을 만든다.

13 냉장고에 보관하다가 사용하기 직전 되기를 다시 맞춘다.

화이트초콜릿 가나슈

14 생크림을 냄비에 담아 45℃ 이상 가열한 뒤 찬물에 불려
  물기를 뺀 젤라틴을 넣는다.

15 45℃로 녹인 화이트초콜릿에 부어 섞은 다음 핸드블렌더로
  고르게 유화시킨다.

16 완전히 식으면 짤주머니에 담아 냉장 보관한다.

몽타주

17 완전히 식은 시폰케이크를 틀에서 분리해 위 아래 4:6
  비율로 슬라이스한다.

18 자른 시폰케이크의 아랫부분에 화이트초콜릿 가나슈를
  짜고 스패튤러로 펴 바른다.

19 시폰케이크 윗부분을 덮은 다음 돌림판 중앙에 놓는다.

20 아이싱용 크림을 바르고 스패튤러를 이용해 무늬를 낸다.

21 화이트 초콜릿 가나슈를 조금씩 짠 뒤 화이트초콜릿
  장식물을 올린다.

분량	틀	굽기	난이도	소비기한
시폰케이크 1개	지름 18㎝ 시폰틀 2호 1개	데크오븐 윗불 180℃, 아랫불 160℃ 컨벡션오븐 170℃, 25~30분.	★★★☆☆	냉장 2~3일

초당옥수수 시폰케이크

Super Sweet Corn Chiffon Cake

INGREDIENTS

옥수수 시폰케이크
노른자 · 70g
설탕A · 35g
소금 · 2g
카놀라유 · 40g
물 · 22g
우유 · 12g
박력쌀가루 · 75g
옥수수가루 · 15g
베이킹파우더 · 2g

아몬드가루 · 10g
옥수수전분 · 15g
흰자 · 160g
설탕B · 65g

초당옥수수 페이스트
초당옥수수 · 1~2개
소금 · 한 꼬집

옥수수 스트로이젤
버터 · 25g
마스코바도 설탕 · 25g
아몬드가루 · 28g
옥수수가루 · 15g
옥수수전분 · 15g
소금 · 1.5g

초당옥수수 디플로마트 크림
초당옥수수 페이스트 · 112g
생크림A · 30g
우유 · 30g
노른자 · 27g
설탕A · 30g
옥수수전분 · 9g
생크림B · 200g
설탕B · 35g

몽타주
초당옥수수 · 적당량
로즈마리 · 적당량

4-1

4-2

7

10-1

10-2

14

옥수수 시폰케이크

1 볼에 노른자, 설탕A, 소금을 넣고 가볍게 섞은 다음 중탕물에 올려 35℃까지 덥힌다.

2 뽀얀 미색이 될 때까지 휘핑한다.

 Tip 쌀가루는 수분 흡수율이 낮은 재료이기에 노른자에도 공기층을 넣어 액체와 가루 재료들이 잘 섞일 수 있도록 한다.

3 카놀라유, 물+우유를 각각 중탕물에 올려 35℃까지 덥힌 다음 2에 차례대로 넣으며 고르게 유화시킨다.

4 가루 재료를 체 쳐 넣고 고루 섞는다.

5 차갑게 보관한 흰자에 설탕B를 3번에 나눠 넣으며 휘핑해 머랭을 90%까지 올린다.

 Tip 쌀가루는 수분 흡수율이 낮은 재료이기에 머랭을 100%까지 휘핑하면 반죽에 잘 섞이지 않아 오히려 거품이 꺼질 수 있다.

6 4의 반죽에 머랭을 ⅓씩 나눠 넣으며 가볍게 섞는다.

7 준비한 틀에 팬닝한 다음 170℃로 예열된 컨벡션오븐에서 25~30분 동안 굽는다.

8 구워지자마자 뒤집어 완전히 식힌다.

초당옥수수 페이스트

9 초당옥수수를 냄비에 넣고 찐다.

10 초당옥수수의 알맹이를 떼어 믹서기에 곱게 간 다음 체에 내린다.

11 소금간을 하고 식혀서 사용한다

 Tip 장기간 보관할 때는 80℃ 이상 끓인 다음 식혀서 냉동 보관한다.

옥수수 스트로이젤

12 푸드프로세서에 모든 재료를 넣고 섞는다.

13 비닐에 감싸 냉동고에 넣고 30분 이상 휴지시킨다.

14 160℃ 오븐에 넣고 10분 정도 굽는다.

 Tip 굽는 도중 오븐에서 꺼내 고루 익도록 스크레이퍼로 잘 섞는다.

초당옥수수 디플로마트 크림

15 냄비에 초당옥수수 페이스트, 생크림A, 우유를 넣고 끓인다.

16 볼에 노른자를 풀고 설탕A와 옥수수전분을 차례대로 섞는다.

17 15가 살짝 끓으면 16에 절반만 붓고 섞은 다음 다시 냄비에 넣고 95℃ 이상으로 끓여 파티시에 크림을 만든다.

18 트레이에 옮긴 다음 밀착 랩핑하여 냉장 보관한다.

19 차가운 볼에 생크림B와 설탕B를 넣고 70%까지 휘핑해 샹티이 크림을 만든다.

20 차갑게 식은 파티시에 크림 180g을 부드럽게 풀고 샹티이 크림을 혼합해 디플로마트 크림을 만든다.

    Tip 제형이 묽은 파티시에 크림이므로 쉽게 섞을 수 있다.

21 디플로마트 크림을 90%까지 휘핑해 아이싱용 크림을 만든다.

22 아이싱용 크림 70g을 덜어 100%까지 휘핑해 필링용 크림을 만든다.

23 두 종류의 크림을 냉장고에 보관하다가 사용하기 직전 되기를 다시 맞춘다.

몽타주

24 완전히 식은 시폰케이크를 틀에서 분리해 위 아래 4:6 비율로 슬라이스한다.

25 자른 시폰케이크의 아랫부분에 필링용 크림을 펴 바른 뒤 초당옥수수를 올린다.

26 시폰케이크 윗부분을 덮은 다음 돌림판 중앙에 놓는다.

27 아이싱용 크림을 바르고 스패튤러를 이용해 무늬를 낸다.

28 남은 파티시에 크림을 윗면에 짜고 옥수수 스트로이젤, 초당옥수수, 로즈마리를 올려 마무리한다.

분량	틀	굽기	난이도	소비기한
시폰케이크 1개	지름 18㎝ 시폰틀 2호 1개	데크오븐 윗불 180℃, 아랫불 160℃ 컨벡션오븐 170℃, 25~30분	★★★☆☆	냉장 2~3일

마롱 시폰케이크

Marron Chiffon Cake

INGREDIENTS

마롱 시폰케이크
밤 페이스트 · 70g
노른자 · 70g
설탕A · 25g
카놀라유 · 43g
물 · 38g
우유 · 18g
박력분 · 85g
흰자 · 160g
설탕B · 58g

카시스 콩포트
블랙커런트 퓌레 · 50g
설탕 · 30g
카시스 리큐어 · 3g

밤 조림
밤 · 100g
설탕 · 100g
물 · 200g

밤 페이스트
밤 · 100g
물 · 30g
우유 · 30g
생크림 · 30g
마스코바도 설탕 · 70g
소금 · 1g

마롱 크림
밤 페이스트 · 60g
생크림A · 50g
생크림B · 200g
설탕 · 50g
마롱 리큐어 · 3g

몽타주
화이트초콜릿 장식물 · 적당량
금박 · 적당량

마롱 시폰케이크

1 밤페이스트를 부드럽게 푼 다음 노른자를 조금씩 넣어 가며 섞는다.

2 설탕A를 넣고 가볍게 섞은 다음 중탕물에 올려 35℃까지 덥힌다.

3 뽀얀 미색이 될 때까지 휘핑한다.

4 카놀라유, 물+우유를 각각 중탕물에 올려 35℃까지 덥힌 다음 3에 차례대로 넣으며 고르게 유화시킨다.

5 박력분을 체 쳐 넣고 고루 섞는다.

6 차갑게 보관한 흰자에 설탕B를 3번에 나눠 넣으며 휘핑해 머랭을 100%까지 올린다.

7 5의 반죽에 머랭을 ⅓씩 나눠 넣으며 가볍게 섞는다.

8 준비한 틀에 팬닝한 다음 170℃로 예열된 컨벡션오븐에서 25~30분 동안 굽는다.

9 구워지자마자 뒤집어 완전히 식힌다.

카시스 콩포트

10 냄비에 해동한 블랙커런트 퓌레와 설탕을 넣고 설탕이 녹을 정도로만 가열한다.

   Tip 블랙커런트 퓌레는 너무 오래 가열하면 블랙커런트에 포함된 효소 때문에 쓴맛이 날 수 있다.

11 살짝 식으면 카시스 리큐어를 넣고 섞은 뒤 짤주머니에 담아 냉장 보관한다.

밤 조림

12 밤을 찐 다음 껍질을 완전히 벗긴다.

   Tip 껍질에 칼집을 내서 찐 다음 찬물에 담가 두면 껍질을 손쉽게 벗길 수 있다.

13 냄비에 설탕과 물을 넣고 가열해 설탕이 녹으면 밤을 넣는다.

14 설탕물이 반으로 줄어들 때까지 졸인다.

15 하룻밤 숙성시켜 냉장 보관한다.

   Tip 기호에 맞춰 설탕량을 늘려도 된다.

17-1 17-2 19

20 22 26

밤 페이스트

16 밤을 찐 다음 껍질을 완전히 벗긴다.

17 껍질 벗긴 밤, 물, 우유, 생크림을 핸드블렌더로 간다.

> **Tip** 갈린 페이스트의 되기를 보면서 액체의 양을 조절한다. 이때 물이 아닌 생크림을 추가하면 단맛을 더할 수 있다.

18 냄비에 옮겨 담은 뒤 마스코바도 설탕을 넣고 걸쭉하게 점성이 생길 때까지 끓인다.

19 소금을 넣어 간을 하고 체에 내린다.

마롱 크림

20 밤 페이스트에 생크림A를 넣고 잘 푼다.

21 또 다른 볼에 생크림B, 설탕, 마롱 리큐어를 넣고 70%까지 휘핑한다.

22 21에 20을 넣고 잘 섞은 다음 중속으로 90%까지 휘핑해 아이싱용 크림을 만든다.

23 아이싱용 크림 70g을 덜어 100%까지 휘핑해 필링용 크림을 만든다.

24 두 종류의 크림을 냉장고에 보관하다가 사용하기 직전 되기를 다시 맞춘다.

몽타주

25 완전히 식은 시폰케이크를 틀에서 분리해 위 아래 4:6 비율로 슬라이스한다.

26 자른 시폰케이크의 아랫부분에 필링용 크림을 펴 바른 뒤 밤 조림을 올리고 카시스 콩포트를 짠다.

27 시폰케이크 윗부분을 덮은 다음 돌림판 중앙에 놓는다.

28 아이싱용 크림을 바른 뒤 몽블랑 모양깍지를 이용해 밤 페이스트를 짠다.

29 밤 조림, 화이트초콜릿 장식물, 금박을 올려 장식한다.

분량	틀	굽기	난이도	소비기한
시폰케이크 1개	지름 18cm 시폰틀 2호 1개	데크오븐 윗불 180℃, 아랫불 160℃ 컨벡션오븐 170℃, 25~30분	★★★☆☆	냉장 2~3일

피스타치오 딸기 시폰케이크

Pistachio Strawberry Chiffon Cake

INGREDIENTS

피스타치오 시폰케이크
노른자 · 72g
설탕A · 35g
카놀라유 · 35g
물 · 60g
우유 · 16g
피스타치오 페이스트 · 90g
강력분 · 40g
박력분 · 30g
베이킹파우더 · 2g
흰자 · 158g
설탕B · 50g

딸기 콩포트
딸기 · 175g
설탕 · 40g
레몬 즙 · 20g

피스타치오 가나슈
피스타치오 페이스트 · 25g
화이트초콜릿 · 51g
생크림 · 75g

피스타치오 마스카르포네 크림
마스카르포네 치즈 · 50g
생크림 · 250g
설탕 · 44g
피스타치오 페이스트 · 63g

몽타주
딸기 · 적당량
다진 피스타치오 · 적당량
옥살리스 잎 · 적당량

피스타치오 시폰케이크

1 볼에 노른자와 설탕A를 넣고 가볍게 섞은 다음 중탕물에
올려 35℃까지 덥힌다.

2 뽀얀 미색이 될 때까지 휘핑한다.

3 카놀라유, 물+우유를 각각 중탕물에 올려 35℃까지 덥힌
다음 2에 차례대로 넣으며 고르게 유화시킨다.

4 피스타치오 페이스트를 넣고 잘 섞는다.

5 가루 재료를 체 쳐 넣고 고루 섞는다.

6 차갑게 보관한 흰자에 설탕B를 3번에 나눠 넣으며 휘핑해
머랭을 100%까지 올린다.

7 5의 반죽에 머랭을 소량 넣고 완벽하게 섞은 다음 남은
머랭을 2번에 나눠 넣고 가볍게 섞는다.

8 준비한 틀에 팬닝한 다음 170℃로 예열된 컨벡션오븐에서
25~30분 동안 굽는다.

9 구워지자마자 뒤집어 완전히 식힌다.

딸기 콩포트

10 딸기와 설탕을 냄비에 넣고 적당히 으깨며 40℃까지
가열한다.

> **Tip** 딸기 과육이 어느 정도 살아 있도록 조절한다.

11 계속 가열하며 섞다가 점도가 생기면 레몬 즙을 넣고 식힌다.

12 완전히 식으면 짤주머니에 담아 냉장 보관한다.

피스타치오 가나슈

13 피스타치오 페이스트와 화이트초콜릿을 45℃로 데워
준비한다.

14 생크림을 냄비에 담아 45℃ 이상으로 가열한다.

15 13에 데운 생크림을 부어 섞은 다음 핸드블렌더로 고르게
유화시킨다.

16 완전히 식으면 짤주머니에 담아 냉장 보관한다.

피스타치오 마스카르포네 크림

17 부드럽게 푼 마스카르포네 치즈에 생크림과 설탕을 넣어
섞고 휘핑한다.

18 요거트 정도의 점성이 생기면 피스타치오 페이스트와
묽기를 맞춰가며 조금씩 혼합한다.

19 중속으로 90%까지 휘핑해 아이싱용 크림을 만든다.

20 냉장고에 보관하다가 사용하기 직전 되기를 다시 맞춘다.

몽타주

21 완전히 식은 시폰케이크를 틀에서 분리해 위 아래 4:6
비율로 슬라이스한다.

22 자른 시폰케이크의 아랫부분에 피스타치오 가나슈를 짜고
스패튤러로 펴 바른다.

23 적당히 자른 딸기를 놓고 딸기 콩포트를 짠다.

24 시폰케이크 윗부분을 덮은 다음 돌림판 중앙에 놓는다.

25 아이싱용 크림을 바른 뒤 얇게 썬 딸기, 다진 피스타치오,
옥살리스 잎을 올려 장식한다.

분량	틀	굽기	난이도	소비기한
시폰케이크 1개	지름 18㎝ 시폰틀 2호 1개	데크오븐 윗불 180℃, 아랫불 160℃ 컨벡션오븐 170℃, 25~30분	★★★★☆	냉장 2~3일

초코 가나슈 시폰케이크

Chocolate Ganache Chiffon Cake

INGREDIENTS

코코아 시폰케이크
노른자 · 70g
설탕A · 25g
카놀라유 · 50g
물 · 60g
우유 · 15g

박력분 · 70g
코코아파우더 · 18g
베이킹파우더 · 2g
흰자 · 182g
설탕B · 60g

다크초콜릿 가나슈
생크림 · 150g
다크초콜릿 · 100g
쿠앵트로 · 3g

초콜릿 가나슈 몽테
생크림 · 350g
밀크초콜릿 · 60g
다크초콜릿 · 60g

3 · 4-1 · 4-2 · 6-1 · 6-2 · 7

코코아 시폰케이크

1 볼에 노른자와 설탕A를 넣고 가볍게 섞은 다음 중탕물에
올려 35℃까지 덥힌다.

2 카놀라유, 물+우유를 중탕물에 올려 35℃까지 덥힌다.

3 카놀라유 전량, 물+우유 절반을 차례대로 넣으며 고르게
유화시킨다.

4 가루 재료를 체 쳐 넣고 섞은 뒤 남은 물+우유를 천천히
부으며 고루 섞는다.

5 차갑게 보관한 흰자에 설탕B를 3번에 나눠 넣으며 휘핑해
머랭을 90%까지 올린다.

6 4의 반죽에 머랭을 소량 넣고 완벽하게 섞은 다음 남은
머랭을 2번에 나눠 넣고 가볍게 섞는다.
> Tip 코코아파우더의 유분과 무게감 때문에 머랭이 꺼지기
쉬우니 신속하게 섞는다.

7 준비한 틀에 팬닝한 다음 170℃로 예열된 컨벡션오븐에서
25~30분 동안 굽는다.
> Tip 코코아 시폰케이크는 반죽의 거품이 쉽게 꺼지기 때문에
팬닝 후 내려치지 않는다.

8 구워지자마자 뒤집어 완전히 식힌다.

11

20-1

20-2

21

18

다크초콜릿 가나슈

9 생크림을 냄비에 담아 45℃ 이상으로 가열한다.

10 45℃로 녹인 다크초콜릿에 부어 섞은 다음 핸드블렌더로 고르게 유화시킨다.

11 완전히 식으면 쿠앵트로를 넣고 섞은 뒤 짤주머니에 담아 냉장 보관한다.

초콜릿 가나슈 몽테

12 냄비에 생크림을 넣고 가열한다.

13 생크림이 끓으면 섞어 둔 두 가지 초콜릿에 붓고 가볍게 저은 뒤 핸드블렌더로 유화시킨다.

14 충분히 식힌 다음 밀착 랩핑해 냉장고에서 12시간 동안 숙성시킨다.

15 중속으로 90%까지 휘핑해 아이싱용 크림을 만든다.

16 냉장고에 보관하다가 사용하기 직전 되기를 다시 맞춘다.

몽타주

17 완전히 식은 시폰케이크를 틀에서 분리해 위, 아래 4:6 비율로 슬라이스한다.

18 자른 시폰케이크의 아랫부분에 다크초콜릿 가나슈를 짜고 스패튤러로 펴 바른다.

19 시폰케이크 윗부분을 덮은 다음 돌림판 중앙에 놓는다.

20 아이싱용 크림을 바르고 스패튤러를 이용해 무늬를 낸다.

21 다크초콜릿 가나슈를 윗면에 짠다.

Chiffon Sando

2

──── 시폰 산도 ────

시폰케이크를 조각 낸 다음 여러 가지 크림과 부재료를 넣어 샌드위치처럼 만든 제품으로, '산도'는 샌드위치를 줄인 일본말이다.
일반적인 케이크와 달리 손으로 들고 먹을 수 있고 만드는 법도 간단해 아이싱 기술 없이도 누구나 쉽게 만들 수 있다.
특히 제철 과일을 사용하면 맛이 신선하고 응용법도 무궁무진하다는 게 큰 장점이다.

분량	틀	굽기	난이도	소비기한
산도	지름 18cm	데크오븐 윗불 180℃, 아랫불 160℃	★ ★ ★ ★	냉장
10개	시폰틀 2호 1개	컨벡션오븐 170℃, 25~30분		2~3일

프루트 산도

Fruit Sando

INGREDIENTS

기본 시폰케이크

노른자 · 72g
설탕A · 25g
소금 · 1g
바닐라 엑스트렉트 · 5g
카놀라유 · 35g
물 · 22g

우유 · 22g
박력분 · 30g
강력분 · 30g
옥수수전분 · 12g
흰자 · 152g
설탕B · 60g

샹티이 크림

생크림 · 200g
설탕 · 40g
쿠앵트로 · 2g

몽타주

계절 과일 · 적당량

기본 시폰케이크

1 볼에 노른자, 설탕A, 소금, 바닐라 엑스트렉트를 넣고
  가볍게 섞은 다음 중탕물에 올려 35℃까지 덥힌다.

2 카놀라유, 물+우유를 각각 중탕물에 올려 35℃까지 덥힌
  다음 1에 차례대로 넣으며 고르게 유화시킨다.

3 가루 재료를 체 쳐 넣고 고루 섞는다.

4 차갑게 보관한 흰자에 설탕B를 3번에 나눠 넣으며 휘핑해
  머랭을 100%까지 올린다.

5 3의 반죽에 머랭을 ⅓씩 나눠 넣으며 가볍게 섞는다.

6 준비한 틀에 팬닝한 다음 170℃로 예열된 컨벡션오븐에서
  25~30분 동안 굽는다.

7 구워지자마자 뒤집어 완전히 식힌다.

샹티이 크림

8 모든 재료를 볼에 넣고 크림을 100%까지 휘핑한다.

9 냉장고에 보관하다가 사용하기 직전 되기를 다시 맞춰
  짤주머니에 담는다.

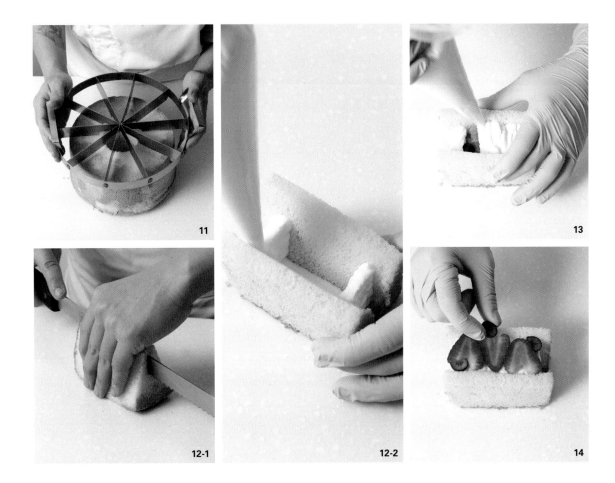

몽타주

10 깨끗이 씻은 계절 과일을 적당한 크기로 잘라 준비한다.

11 완전히 식은 시폰케이크를 틀에서 분리한 뒤
　　케이크분할기를 사용해 10조각으로 나눈다.

12 가운데 길게 칼집을 넣고 샹티이 크림을 한 줄 짠다. 벌어진
　　공간에 벽을 세우듯 양 끝에도 크림을 짠다.

13 과일을 채운 뒤 샹티이 크림을 짠다.

14 남은 과일을 윗면에 장식해 마무리한다.

분량	틀	굽기	난이도	소비기한
산도 10개	지름 18㎝ 시폰틀 2호 1개	데크오븐 윗불 180℃, 아랫불 160℃ 컨벡션오븐 170℃, 25~30분	★★★☆☆	냉장 2~3일

레몬 파인 산도

Lemon Pineapple
Sando

INGREDIENTS

레몬 시폰케이크
노른자 · 72g
설탕A · 25g
소금 · 1g
녹인 버터 · 35g
물 · 20g
우유 · 18g
박력분(아트레제) · 70g
레몬 제스트 · 1개 분량
흰자 · 148g
설탕B · 60g

레몬 커드
전란 · 55g
노른자 · 18g
설탕 · 60g
레몬 즙 · 70g
레몬 제스트 · 1개 분량
타임 · 7g
버터 · 75g
라임 제스트 · 적당량

파인애플 절임
물 · 500g
설탕 · 230g
파인애플 · 반 통

라임 설탕
설탕 · 10g
라임 제스트 · 1g

레몬 버베나 크림
생크림 · 200g
레몬버베나 잎 · 2g
설탕 · 30g

레몬 시폰케이크

1 볼에 노른자, 설탕A, 소금을 넣고 가볍게 섞은 다음
  중탕물에 올려 35℃까지 덥힌다.

2 녹인 버터, 물+우유를 각각 중탕물에 올려 35℃까지 덥힌
  다음 1에 차례대로 넣으며 고르게 유화시킨다.

3 박력분을 체 쳐 넣고 레몬 제스트를 더해 고루 섞는다.

4 차갑게 보관한 흰자에 설탕B를 3번에 나눠 넣으며 휘핑해
  머랭을 90%까지 올린다.
  Tip 버터가 들어간 무거운 반죽이므로 다른 시폰케이크보다
  머랭을 약간 가볍게 만든다.

5 3의 반죽에 머랭을 ⅓씩 나눠 넣으며 가볍게 섞는다.

6 준비한 틀에 팬닝한 다음 170℃로 예열된 컨벡션오븐에서
  25~30분 동안 굽는다.

7 구워지자마자 뒤집어 완전히 식힌다.

9 · 10-1 · 10-2 · 11 · 12 · 13

레몬 커드

8 전란과 노른자를 볼에 넣고 푼 다음 설탕을 넣고 잘 섞는다.

9 레몬 즙과 레몬 제스트를 넣은 다음 내용물을 냄비로 옮긴다.

> **Tip** 스테인리스 제품으로 레몬 즙을 짜면 쇳내가 밸 수 있으니 플라스틱이나 유리 제품을 사용하도록 한다.

10 타임을 손으로 두들겨 냄비에 넣은 뒤 잘 저으면서 80℃까지 가열한다.

> **Tip** 타임이 살짝 으깨지면서 향이 더욱 살아난다.

11 되직해지면 체에 걸러 45℃까지 식히고 18℃의 버터를 담은 용기에 붓는다.

> **Tip** 유지방이 분리될 수 있으므로 온도를 정확히 재며 작업한다.

12 핸드블렌더를 끊어 가며 여러 번 작동시켜 버터 알갱이가 보이지 않을 정도로만 섞는다.

> **Tip** 지나치게 곱게 갈면 커드가 묽어진다.

13 완성된 레몬 커드를 30g 덜어 내 라임 제스트를 섞는다.

14 두 종류의 커드를 각각 짤주머니에 담아 냉장 보관한다.

16

19

21-1

18

21-2

파인애플 절임

15 냄비에 물과 설탕을 넣고 설탕이 녹을 정도로 끓여 시럽을
만든 다음 완전히 식힌다.

16 적당한 크기로 자른 파인애플을 넣고 냉장고에서 하루 동안
숙성시킨다.

라임 설탕

17 설탕과 라임 제스트를 섞어 테플론 시트를 깐 베이킹팬에
펼친다.

18 50℃ 오븐에서 6시간 정도 바짝 말린다.

레몬 버베나 크림

19 냄비에 생크림을 넣고 80℃까지 가열한 뒤 레몬 버베나
잎을 잘라 넣고 우린다.

20 12시간 이상 냉장고에서 숙성시킨다.

21 체에 거른 다음 설탕을 넣고 100%까지 휘핑한다.

22 냉장고에 보관하다가 사용하기 직전 되기를 다시 맞춰
짤주머니에 담는다.

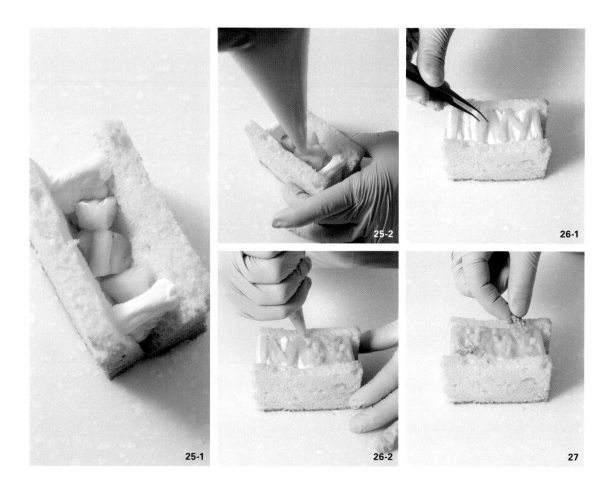

몽타주

23 완전히 식은 시폰케이크를 틀에서 분리한 뒤
케이크분할기를 사용해 10조각으로 나눈다.
24 가운데 길게 칼집을 넣고 레몬 버베나 크림을 한 줄 짠다.
벌어진 공간에 벽을 세우듯 양 끝에도 크림을 짠다.

25 파인애플 절임을 넣고 레몬 커드를 짠 뒤 레몬 버베나
크림을 짠다.
26 남은 파인애플 절임을 얇게 잘라 올리고 라임 제스트를
섞은 레몬 커드를 빈 공간에 짠다.
27 라임 설탕을 적당한 크기로 부수어 올려 완성한다.

분량	틀	굽기	난이도	소비기한
산도 10개	지름 18㎝ 시폰틀 2호 1개	데크오븐 윗불 180℃, 아랫불 160℃ 컨벡션오븐 170℃, 25~30분	★★★☆☆	냉장 2~3일

단호박 산도
Sweet Pumpkin Sando

INGREDIENTS

단호박 시폰케이크
노른자 · 72g
설탕A · 35g
소금 · 1g
카놀라유 · 35g
물 · 40g
우유 · 16g
박력쌀가루 · 50g

옥수수전분 · 30g
아몬드가루 · 10g
단호박가루 · 12g
베이킹파우더 · 2g
흰자 · 152g
설탕B · 60g

호두 사블라주
물 · 6g
흑설탕 · 30g
호두 · 65g

단호박 조림
단호박 · 100g
메이플시럽 · 25g
소금 · 1g

단호박 레제 크림
단호박 조림 · 100g
생크림A · 55g
우유 · 55g
노른자 · 36g
설탕 · 50g
커스터드파우더 · 12g
생크림B · 100g

몽타주
찐 단호박 · 300g

103

단호박 시폰케이크

1 볼에 노른자, 설탕A, 소금을 넣고 가볍게 섞은 다음
  중탕물에 올려 35℃까지 덥힌다.

2 뽀얀 미색이 될 때까지 휘핑한다.
  Tip 쌀가루는 수분 흡수율이 낮은 재료이기에 노른자에도
  공기층을 넣어 액체와 가루 재료들이 잘 섞일 수 있도록 한다.

3 카놀라유, 물+우유를 각각 중탕물에 올려 35℃까지 덥힌
  다음 2에 차례대로 넣으며 고르게 유화시킨다.

4 가루 재료를 체 쳐 넣고 고루 섞는다.
  Tip 쌀가루로 만드는 반죽은 밀가루를 넣는 일반적인
  반죽보다 가루 재료량이 많아야 제품의 구조가 잘 잡힌다.

5 차갑게 보관한 흰자에 설탕B를 3번에 나눠 넣으며 휘핑해
  머랭을 90%까지 올린다.
  Tip 쌀가루는 수분 흡수율이 낮은 재료이기에 머랭을
  100%까지 휘핑하면 반죽에 잘 섞이지 않아 오히려 거품이
  꺼질 수 있다.

6 4의 반죽에 머랭을 ⅓씩 나눠 넣으며 가볍게 섞는다.

7 준비한 틀에 팬닝한 다음 170℃로 예열된 컨벡션오븐에서
  25~30분 동안 굽는다.

8 구워지자마자 뒤집어 완전히 식힌다.

호두 사블라주

9 냄비에 물과 흑설탕을 넣고 118~120℃까지 끓여 시럽을
  만든다.

10 불을 끄고 시럽에 호두를 넣고 섞으며 설탕을 하얗게
  결정화시킨다.

11 테플론 시트 위에 올려 펼쳐 식힌다.

단호박 조림

12 껍질과 씨를 제거한 단호박을 냄비에 넣고 찐다.

13 찐 단호박, 메이플시럽, 소금을 핸드블렌더로 간다.
   Tip 메이플시럽의 양은 단호박의 당도에 따라 조절한다.

단호박 레제 크림

14 냄비에 단호박 조림, 생크림A, 우유를 넣고 주걱으로
단호박 조림을 으깨 가며 가열한다.

15 또 다른 볼에 노른자를 풀고 설탕과 커스터드파우더를
섞는다.

16 14가 살짝 끓으면 15에 절반만 붓고 섞은 다음 다시
냄비에 넣고 끓여 단호박 파티시에 크림을 만든다.

17 파티시에 크림이 95℃ 이상으로 끓으면 트레이에 옮겨
밀착 랩핑한 다음 냉장 보관한다.

18 차가운 볼에 생크림을 넣고 80%까지 휘핑한다.

19 차갑게 식은 단호박 파티시에 크림 100g에 휘핑한
생크림을 조금씩 넣어 가며 섞어 레제 크림을 만든다.

20 장식용 크림을 소량 덜어 두고 남은 크림은 짤주머니에
담아 냉장 보관한다.

몽타주

21 완전히 식은 시폰케이크를 틀에서 분리한 뒤
케이크분할기를 사용해 10조각으로 나눈다.

22 가운데 길게 칼집을 넣고 단호박 레제 크림을 한 줄 짠다.

23 찐 단호박을 넣고 단호박 파티시에 크림과 단호박 레제
크림을 차례대로 짠다.

24 찐 단호박을 동그랗게 빚어 올린 다음 호두 사블라주도
올린다.

25 단호박 레제 크림과 단호박 파티시에 크림으로 장식해
완성한다.

분량	틀	굽기	난이도	소비기한
산도 10개	지름 18cm 시폰틀 2호 1개	데크오븐 윗불 180℃, 아랫불 160℃ 컨벡션오븐 170℃, 25~30분	★★★☆☆	냉장 2~3일

고구마 산도

Sweet Potato Sando

INGREDIENTS

쌀가루 시폰케이크
노른자 · 72g
설탕A · 25g
소금 · 1g
바닐라 엑스트렉트 · 5g
카놀라유 · 35g
물 · 35g
우유 · 20g
박력쌀가루 · 75g
옥수수전분 · 35g
아몬드가루 · 15g
베이킹파우더 · 2g
흰자 · 152g
설탕B · 65g

고구마 스프레드
고구마 · 150g
생크림 · 110g
설탕 · 50g
메이플시럽 · 20g
꿀 · 10g
소금 · 1g

고구마 파티시에 크림
고구마 스프레드 · 130g
생크림 · 50g
노른자 · 36g
설탕 · 15g
커스터드파우더 · 10g

사과 샹티이 크림
생크림 · 150g
설탕 · 20g
사과 리큐어 · 7g

몽타주
찐 고구마 · 200g
자색고구마가루 · 적당량
검은깨 · 적당량

10

11

13-1

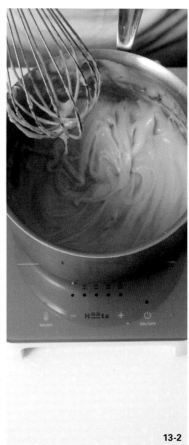

13-2

쌀가루 시폰케이크

1 볼에 노른자, 설탕A, 소금, 바닐라 엑스트렉트를 넣고
   가볍게 섞은 다음 중탕물에 올려 35℃까지 덥힌다.

2 뽀얀 미색이 될 때까지 휘핑한다.

   Tip 쌀가루는 수분 흡수율이 낮은 재료이기에 노른자에도
   공기층을 넣어 액체와 가루 재료들이 잘 섞일 수 있도록 한다.

3 카놀라유, 물+우유를 각각 중탕물에 올려 35℃까지 덥힌
   다음 2에 차례대로 넣으며 고르게 유화시킨다.

4 가루 재료를 체 쳐 넣고 고루 섞는다.

5 차갑게 보관한 흰자에 설탕B를 3번에 나눠 넣으며 휘핑해
   머랭을 90%까지 올린다.

   Tip 쌀가루는 수분 흡수율이 낮은 재료이기에 머랭을
   100%까지 휘핑하면 반죽에 잘 섞이지 않아 오히려 거품이
   꺼질 수 있다.

6 4의 반죽에 머랭을 ⅓씩 나눠 넣으며 가볍게 섞는다.

7 준비한 틀에 팬닝한 다음 170℃로 예열된 컨벡션오븐에서
   25~30분 동안 굽는다.

8 구워지자마자 뒤집어 완전히 식힌다.

고구마 스프레드

9 고구마를 찐 다음 껍질을 벗겨 냄비에 넣고 생크림, 설탕,
   메이플시럽, 꿀, 소금과 함께 끓인다.

10 핸드블랜더로 곱게 간 다음 체에 내린다.

고구마 파티시에 크림

11 냄비에 고구마 스프레드 130g과 생크림을 넣고 끓인다.

   Tip 남은 고구마 스프레드는 짤주머니에 담는다.

12 또 다른 볼에 노른자를 풀고 설탕과 커스터드파우더를
   섞는다.

13 11이 살짝 끓으면 12에 절반만 붓고 섞은 다음 다시 냄비에
   넣고 끓인다.

14 95℃ 이상으로 끓으면 몽블랑 깍지를 끼운 짤주머니에
   담아 냉장 보관한다.

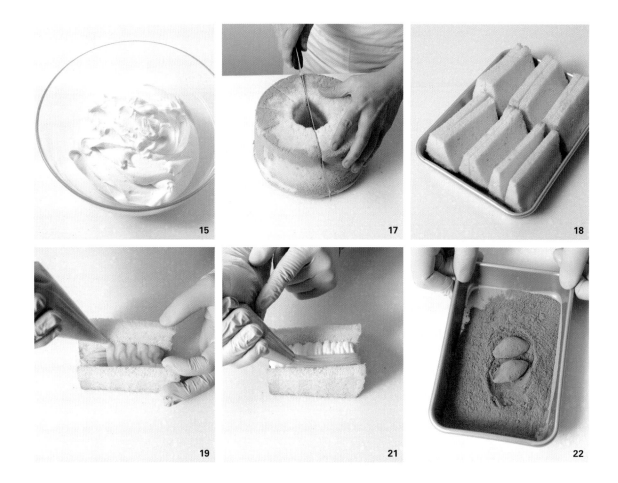

사과 샹티이 크림

15 볼에 모든 재료를 넣고 100%로 휘핑한다.

16 냉장고에 보관하다가 사용하기 직전 되기를 다시 맞춰 짤주머니에 담는다.

몽타주

17 완전히 식은 시폰케이크를 틀에서 분리한 뒤 케이크분할기를 사용해 10조각으로 나눈다.

18 가운데 길게 칼집을 넣고 벌어진 공간에 사과 샹티이 크림을 한 줄 짠다.

19 고구마 파티시에 크림과 남은 고구마 스프레드를 차례대로 짠다.

20 사과 샹티이 크림을 다시 짠다.

21 한쪽에 고구마 파티시에 크림을 두 줄 짠다.

22 찐 고구마를 5g씩 타원형으로 빚은 다음 절반에 자색고구마가루를 묻힌다.

23 빚은 고구마를 올린 뒤 검은깨를 뿌려 완성한다.

분량	틀	굽기	난이도	소비기한
산도 10개	지름 18cm 시폰틀 2호 1개	데크오븐 윗불 180℃, 아랫불 160℃ 컨벡션오븐 170℃, 25~30분	★★★☆☆	냉장 2~3일

모카 피칸 산도

Mocha Pecan Sando

INGREDIENTS

모카 시폰케이크
노른자 · 70g
설탕A · 25g
카놀라유 · 35g
우유 · 20g
에스프레소 · 43g
커피엑기스 · 1g
박력분 · 85g
흰자 · 160g
설탕B · 60g

캐러멜라이즈드 피칸
피칸 · 75g
설탕 · 30g
물 · 6g
버터 · 6g

모카 가나슈
생크림 · 38g
커피가루 · 1.5g
다크초콜릿 · 38g
커피 리큐어 · 1.5g

모카 시럽
설탕 · 20g
물 · 100g
에스프레소 · 40g
커피 리큐어 · 20g

모카 크림
마스카르포네 치즈 · 60g
설탕 · 42g
생크림 · 300g
연유 · 24g
에스프레소 · 42g
커피 리큐어 · 6g

초콜릿 장식물
다크초콜릿 · 100g
(이나야퓨리티)

모카 시폰케이크

1 볼에 노른자와 설탕A를 넣고 가볍게 섞은 다음 중탕물에
   올려 35℃까지 덥힌다.
2 카놀라유를 중탕물에 올려 35℃까지 덥힌 다음 1에 넣고
   고르게 유화시킨다.
3 우유, 에스프레소, 커피엑기스를 함께 35℃로 데워 넣은
   다음 고르게 유화시킨다.
4 박력분을 체 쳐 넣고 고루 섞는다.
5 차갑게 보관한 흰자에 설탕B를 3번에 나눠 넣으며 휘핑해
   머랭을 100%까지 올린다.
6 4의 반죽에 머랭을 ⅓씩 나눠 넣으며 가볍게 섞는다.
7 준비한 틀에 팬닝한 다음 170℃로 예열된 컨벡션오븐에서
   25~30분 동안 굽는다.
8 구워지자마자 뒤집어 완전히 식힌다.

캐러멜라이즈드 피칸

9 160℃ 오븐에 피칸을 넣고 8~10분 정도 로스팅한다.

10 냄비에 설탕과 물을 넣고 118~120℃까지 끓여 시럽을
만든다.

11 시럽에 피칸을 넣고 계속 가열하며 섞어 설탕을 하얗게
결정화시킨다.

12 하얀 설탕이 녹아 캐러멜이 될 때까지 섞는다.

13 버터를 넣고 섞은 다음 테플론 시트 위에 펼쳐 식힌다.

모카 가나슈

14 냄비에 생크림과 커피가루를 넣고 45℃까지 가열한다.

15 45℃로 녹인 다크초콜릿에 붓고 잘 섞은 다음
핸드블렌더로 유화시킨다.

16 커피 리큐어를 넣고 섞은 다음 충분히 식혀 짤주머니에
담는다.

17 냉장고에 넣고 12시간 이상 숙성시킨다.

모카 시럽

18 설탕과 물을 냄비에 넣고 끓인 다음 완전히 식힌다.

19 에스프레소와 커피 리큐어를 넣고 냉장고에서 보관한다.

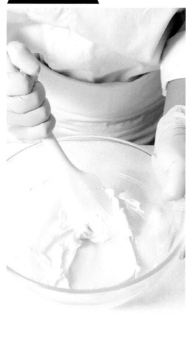

21

23-1

20

23-2

27

모카 크림

20 부드럽게 푼 마스카르포네 치즈에 설탕을 넣고 잘 섞는다.

21 남은 모든 재료를 넣고 섞는다.

22 70%까지 휘핑한 뒤 장식용으로 ⅓ 정도 덜어 둔다.

23 남은 크림을 100%까지 휘핑한다.

24 22와 23 모두 냉장고에 보관하다가 사용하기 직전 되기를
다시 맞춰 각각 짤주머니에 담는다.

초콜릿 장식물

25 50℃로 녹인 다크초콜릿을 OPP필름 위에 붓는다.

26 스패튤러를 이용해 얇게 편 다음 베이킹팬에 옮겨 냉장고에
넣고 굳힌다.

> **Tip** 이나야퓨리티는 템퍼링 작업 없이도 간단한 초콜릿
> 장식물을 만들 수 있다.

27 완전히 굳으면 적당한 크기로 부숴 보관한다.

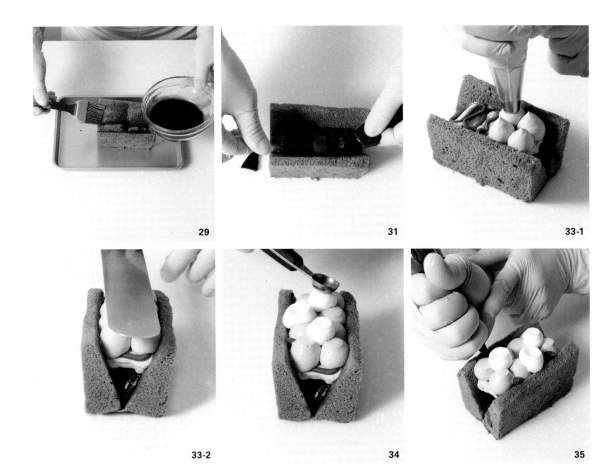

29

31

33-1

33-2

34

35

몽타주

28 완전히 식은 시폰케이크를 틀에서 분리한 뒤
   케이크분할기를 사용해 10조각으로 나눈다.

29 가운데 길게 칼집을 넣고 안쪽에 모카 시럽을 바른다.

30 벌어진 공간에 모카 크림을 한 줄 짠 다음 캐러멜라이즈드
   피칸을 올린다.

31 27의 초콜릿 장식물을 작게 부수어 올린다.

32 100% 휘핑한 모카 크림을 짠 다음 윗면에 모카 가나슈를
   짠다.

33 장식용 모카 크림을 물방울 모양으로 짠 다음 토치로 달군
   스패튤러를 이용해 윗면을 살짝 누른다.

34 샹티이 크림(분량 외)을 짜고 계량 스푼을 토치로 달궈
   모양을 낸다.

35 모카 가나슈를 군데군데 짜고 남은 캐러멜라이즈드 피칸
   조각을 올려 완성한다.

분량	틀	굽기	난이도	소비기한
산도 10개	지름 18㎝ 시폰틀 2호 1개	데크오븐 윗불 180℃, 아랫불 160℃ 컨벡션오븐 170℃, 25~30분	★★★☆☆	냉장 2~3일

앙 말차 산도

An Matcha Sando

INGREDIENTS

말차 시폰케이크
노른자 · 70g
설탕A · 32g
카놀라유 · 50g
물 · 72g
우유 · 18g

박력분 · 70g
베이킹파우더 · 2g
말차가루 · 15g
흰자 · 182g
설탕B · 56g

팥소
팥 · 200g
물 · 적당량
흑설탕 · 200g
소금 · 적당량

말차 가나슈 몽테
말차가루 · 10g
생크림 · 300g
화이트초콜릿 · 60g
팥소 · 50g

6 | 7 | 9 | 13 | 14

말차 시폰케이크

1 볼에 노른자와 설탕A를 넣고 가볍게 섞은 다음 중탕물에 올려 35℃까지 덥힌다.

2 카놀라유, 물+우유를 중탕물에 올려 35℃까지 덥힌다.

3 카놀라유 전량, 물+우유 절반을 차례대로 넣으며 고르게 유화시킨다.

4 가루 재료를 체 쳐 넣고 가볍게 섞은 다음 남은 물+우유를 섞는다.

5 차갑게 보관한 흰자에 설탕B를 3번에 나눠 넣으며 휘핑해 머랭을 90%까지 올린다.

　Tip 말차가루의 유분과 무게감 때문에 머랭을 100%까지 휘핑하면 반죽에 잘 섞이지 않아 오히려 거품이 꺼질 수 있다.

6 4의 반죽에 머랭을 소량 넣고 완벽하게 섞은 다음 남은 머랭을 2번에 나눠 넣고 섞는다.

7 준비한 틀에 팬닝한 다음 170℃로 예열된 컨벡션오븐에서 25~30분 동안 굽는다.

8 구워지자마자 뒤집어 완전히 식힌다.

팥소

9 냄비에 팥을 담고 물을 가득 부어 하루 동안 불린다.

10 불린 물은 버리고 찬물을 다시 받아 가열해 끓인다.

11 10을 세 번 더 반복해 떫은맛과 이물질을 제거한다.

12 마지막으로 물을 자작하게 받아 30~40분 정도 저으며 삶는다.

　Tip 물이 부족해지면 조금씩 더 첨가해 타지 않게끔 한다.

13 팥을 눌러 뭉그러지면 흑설탕을 3번에 나누어 붓고 섞는다.

　Tip 설탕을 한 번에 넣으면 팥이 주름지고 딱딱해진다.

14 보글보글 끓으면 약불로 내리고 계속 저으며 되직해질 때까지 끓인다.

15 입맛에 맞게 소금간을 한 다음 식혀 짤주머니에 담고 냉장 보관한다.

말차 가나슈 몽테

16 냄비에 말차가루를 넣고 생크림을 조금씩 부으며 잘 섞은
뒤 45℃까지 가열한다.

17 체에 걸러 45℃로 녹인 화이트초콜릿에 붓고 잘 섞은 다음
핸드블렌더로 유화시킨다.

18 충분히 식힌 뒤 밀착 랩핑해 냉장고에 넣고 12시간 이상
숙성시킨다.

19 숙성시킨 가나슈 몽테를 중속으로 80%까지 휘핑해
장식용으로 100g 덜어 둔다.

20 남은 가나슈 몽테는 100%로 휘핑해 팥소 50g을 넣고
섞는다.

21 냉장고에 보관하다가 사용하기 직전 되기를 다시 맞춘다.

몽타주

22 완전히 식은 시폰케이크를 틀에서 분리한 뒤
케이크분할기를 사용해 10조각으로 나눈다.

23 가운데 길게 칼집을 넣고 팥소를 섞은 말차 가나슈 몽테를
조각 낸 시폰케이크의 절반 높이까지 짠다.

24 남은 팥소를 한쪽에 길게 짠 다음 따로 덜어 두었던 장식용
말차 가나슈 몽테를 다른 한쪽에 돌려 가며 짠다.

분량	틀	몰드	굽기	난이도	소비기한
산도 10개	지름 18cm 시폰틀 2호 1개	실리코마트 SF031 2장	데크오븐 윗불 180℃, 아랫불 160℃ 컨벡션오븐 170℃, 25~30분	★★★★☆	냉장 2~3일

시오 바닐라 산도

Salt Vanilla
Sando

〓

INGREDIENTS

바닐라 시폰케이크
노른자 · 72g
설탕A · 25g
소금 · 1g
바닐라 빈 · ½개
바닐라 엑스트렉트 · 5g
카놀라유 · 35g
물 · 22g
우유 · 22g
박력분 · 30g
강력분 · 30g
옥수수전분 · 12g
흰자 · 152g
설탕B · 60g

바닐라 크레뫼
생크림 · 94g
우유 · 31g
바닐라 페이스트 · 12g
노른자 · 22g
설탕 · 25g
젤라틴 · 4g
화이트초콜릿 · 47g

바닐라 가나슈
생크림 · 100g
바닐라 페이스트 · 15g
화이트초콜릿 · 75g

스트로이젤
버터 · 20g
설탕 · 20g
박력분 · 10g
아몬드가루 · 20g
옥수수전분 · 10g
소금 · 1.5g

바닐라 크림
생크림 · 200g
설탕 · 40g
바닐라 엑스트렉트 · 2g
바닐라 빈 · ½개

몽타주
바닐라 빈 · 적당량
게랑드 소금 · 적당량

6

10

12-1

12-2

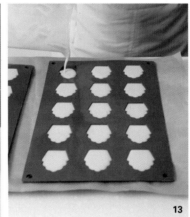
13

17

바닐라 시폰케이크

1 볼에 노른자, 설탕A, 소금, 바닐라 빈의 씨, 바닐라
엑스트렉트를 넣고 가볍게 섞은 다음 중탕물에 올려
35℃까지 덥힌다.

2 카놀라유, 물+우유를 각각 중탕물에 올려 35℃까지 덥힌
다음 1에 차례대로 넣으며 고르게 유화시킨다.

3 가루 재료를 체 쳐 넣고 고루 섞는다.

4 차갑게 보관한 흰자에 설탕B를 한번에 넣고 휘핑해 머랭을
100%까지 올린다.

5 3의 반죽에 머랭을 ⅓씩 나눠 넣으며 가볍게 섞는다.

6 준비한 틀에 팬닝한 다음 170℃로 예열된 컨벡션오븐에서
25~30분 동안 굽는다.

7 구워지자마자 뒤집어 완전히 식힌다.

바닐라 크레뫼

8 냄비에 생크림, 우유, 바닐라 페이스트를 넣고 45℃까지
가열한다.

9 볼에 노른자와 설탕을 넣고 섞는다.

10 8이 살짝 끓으면 9에 절반만 붓고 섞은 다음 다시 냄비에
넣고 80℃까지 끓인다.

11 찬물에 불려 물기를 제거한 젤라틴을 넣고 섞는다.

12 40℃로 식힌 다음, 체에 걸러 똑같이 40℃로 녹인
화이트초콜릿에 붓는다.

13 핸드블랜더로 유화시킨 뒤 35℃ 정도로 식으면 준비한
실리콘몰드에 붓는다.
Tip 35℃보다 낮으면 초콜릿이 굳으며 크레뫼가 수축해
원하는 개수만큼 몰딩하기 어려워질 수 있다. 또 그만큼 맛이
응축되어 당도도 오를 수 있으니 주의해야 한다. 온도가
높으면 반대의 결과로 이어질 수 있다.

14 토치로 윗면의 잔기포를 제거한 다음 냉동고에서 굳힌다.

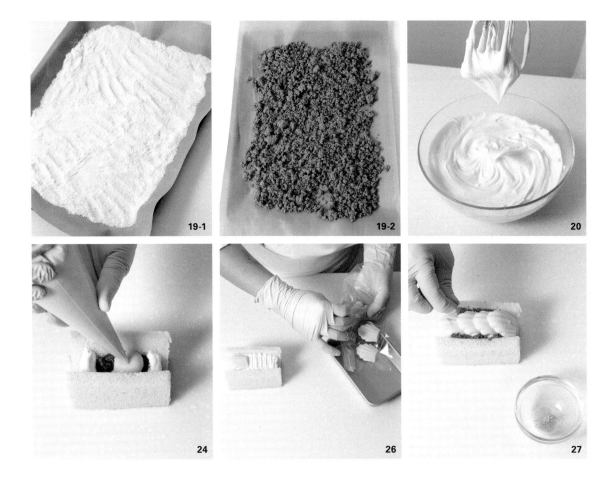

바닐라 가나슈

15 냄비에 생크림과 바닐라 페이스트를 넣고 45℃까지 가열한다.

16 체에 걸러 45℃로 녹인 화이트초콜릿에 붓고 핸드블렌더로 유화시킨다.

17 짤주머니에 담아 냉장고에서 2일 이상 숙성시킨다.

> **Tip** 제형이 묽은 가나슈이므로 반드시 숙성시켜 사용한다.

스트로이젤

18 푸드프로세서에 모든 재료를 넣고 간 다음 냉동고에 넣고 1시간 이상 휴지시킨다.

19 테플론 시트를 깐 베이킹팬에 펼쳐 160℃ 컨벡션오븐에서 10분 정도 굽는다.

바닐라 크림

20 볼에 모든 재료를 넣고 중속에서 100%까지 휘핑한다.

> **Tip** 바닐라 빈 깍지는 제거한다.

21 냉장고에 보관하다가 사용하기 직전 되기를 다시 맞춰 짤주머니에 담는다.

몽타주

22 완전히 식은 시폰케이크를 틀에서 분리한 뒤 케이크분할기를 사용해 10조각으로 나눈다.

23 가운데 길게 칼집을 넣고 바닐라 크림을 한 줄 짠다. 벌어진 공간에 벽을 세우듯 양 끝에도 크림을 짠다.

24 중앙에 스트로이젤을 넣은 다음 바닐라 가나슈를 짠다.

25 남은 바닐라 크림을 짠다.

26 몰드에서 뺀 바닐라 크레뫼 4개를 나란히 올린다.

27 빈 공간에 스트로이젤을 조금씩 올린 뒤 바닐라 소금을 약간 뿌린다.

> **Tip** 바닐라 소금은 바닐라 빈 깍지와 게랑드 소금을 섞어 1주일 이상 숙성시킨 소금이다.

분량	틀	굽기	난이도	소비기한
산도 10개	지름 18㎝ 시폰틀 2호 1개, 33×26㎝ 베이킹팬 1장	데크오븐 윗불 180℃, 아랫불 160℃ 컨벡션오븐 170℃, 25~30분	★★★★☆	냉장 2~3일

티라미수 산도

Tiramisu Sando

INGREDIENTS

코코아 시폰케이크
노른자 · 70g
설탕A · 25g
카놀라유 · 50g
물 · 60g
우유 · 15g
박력분 · 70g
코코아파우더 · 18g
베이킹파우더 · 2g
흰자 · 182g
설탕B · 60g

사보이아르디
흰자 · 120g
설탕 · 75g
노른자 · 54g
바닐라 엑스트렉트 · 4g
박력분 · 70g
슈거파우더 · 적당량

초콜릿 장식물
다크초콜릿 · 100g
(이나야퓨리티)

마스카르포네 무스
노른자 · 45g
설탕 · 80g
우유 · 25g
젤라틴 · 4g
마스카르포네 치즈 · 250g
생크림 · 220g

커피 시럽
설탕 · 20g
물 · 100g
에스프레소 · 40g
커피 리큐어 · 20g

125

4-1

4-2

6

7

코코아 시폰케이크

1 볼에 노른자와 설탕A를 넣고 가볍게 섞은 다음 중탕물에 올려 35℃까지 덥힌다.

2 카놀라유, 물+우유를 중탕물에 올려 35℃까지 덥힌다.

3 카놀라유 전량, 물+우유 절반을 차례대로 넣으며 고르게 유화시킨다.

4 가루 재료를 체 쳐 넣고 가볍게 섞은 다음 남은 물+우유를 천천히 부으며 고루 섞는다.

5 차갑게 보관한 흰자에 설탕B를 3번에 나눠 넣으며 휘핑해 머랭을 90%까지 올린다.

6 4의 반죽에 머랭을 소량 넣고 완벽하게 섞은 다음 남은 머랭을 2번에 나눠 넣고 섞는다.
   Tip 코코아파우더의 유분과 무게감 때문에 머랭이 꺼지기 쉬우니 신속하게 섞는다.

7 준비한 틀에 팬닝한 다음 170℃로 예열된 컨벡션오븐에서 25~30분 동안 굽는다.

8 구워지자마자 뒤집어 완전히 식힌다.

사보이아르디

9 차가운 볼에 흰자를 넣고 설탕을 3번에 나눠 넣으며 휘핑해 100%로 휘핑해 단단한 머랭을 만든다.

10 머랭에 노른자와 바닐라 엑스트렉트를 넣고 섞는다.

11 박력분을 체 쳐 넣고 가볍게 섞는다.

12 테플론 시트를 깔아 둔 베이킹팬에 팬닝하고 스크레이퍼를 이용해 윗면을 평평하게 정리한다.

13 슈거파우더를 2번 뿌린 다음 170℃로 예열된 컨벡션오븐에서 15분 동안 굽는다.

14 완전히 식힌 뒤 테플론 시트를 제거해 6×2㎝로 재단한다.

초콜릿 장식물

15 50℃로 녹인 다크초콜릿을 OPP필름 위에 붓는다.

16 스패튤러를 이용해 얇게 편 다음 베이킹팬에 옮겨 냉장고에 넣고 굳힌다.

17 완전히 굳으면 적당한 크기로 부숴 보관한다.

마스카르포네 무스

18 노른자와 설탕을 섞은 다음 40~50℃로 데운 우유를 부어 섞는다.

19 냄비로 옮겨 80℃까지 끓인 뒤 찬물에 불려 물기를 뺀 젤라틴을 넣고 섞어 앙글레즈 소스를 만든다.

20 35℃까지 식힌 앙글레즈 소스를 부드럽게 푼 마스카르포네 치즈에 조금씩 넣어 가며 섞는다.

　Tip 마스카르포네 치즈에 앙글레즈 소스를 한 번에 넣으면 분리될 수 있으니 주의한다.

21 80%까지 휘핑한 생크림을 3번에 나누어 섞는다.

커피 시럽

22 냄비에 커피 리큐어를 제외한 모든 재료를 넣고 끓인다.

23 완전히 식으면 커피 리큐어를 넣는다.

27-2

28

29-1

29-2

30-1

30-2

몽타주

24 완전히 식은 시폰케이크를 틀에서 분리한 뒤
  케이크분할기를 사용해 10조각으로 나눈다.

25 가운데 길게 칼집을 넣고 안쪽에 커피 시럽을 바른다.

26 마스카르포네 무스를 한 줄 짠다. 벌어진 공간에 벽을
  세우듯 양 끝에도 크림을 짠다.

27 재단한 사보이아르디를 커피 시럽에 적셔 넣는다.

28 17의 초콜릿 장식물을 작게 부수어 올린다.

29 마스카르포네 무스로 덮은 다음 윗면에 리본 모양을 짜
  장식한다.

30 코코아파우더를 뿌리고 초콜릿 장식물 조각과 남은
  사보이아르디 조각을 올려 마무리한다.

분량	틀	굽기	난이도	소비기한
산도 10개	지름 18㎝ 시폰틀 2호 1개	데크오븐 윗불 180℃, 아랫불 160℃ 컨벡션오븐 170℃, 25~30분	★★★★☆	냉장 2~3일

블루베리 산도

Blueberry Sando

INGREDIENTS

블루베리 시폰케이크
노른자 · 70g
설탕A · 28g
카놀라유 · 30g
블루베리 퓌레 · 100g
플레인 요거트 · 30g
박력분 · 25g
강력분 · 25g
옥수수전분 · 30g
블루베리 리큐어 · 10g
흰자 · 160g
설탕B · 54g

블루베리 콩포트
설탕 · 40g
블루베리 · 175g
레몬 즙 · 20g
레몬 리큐어 · 15g

블루베리와 라즈베리 크림
생크림 · 300g
설탕 · 30g
라즈베리 퓌레 · 20g
블루베리 퓌레 · 60g
블루베리 리큐어 · 4g

몽타주
블루베리 · 70알
타임 · 적당량

블루베리 시폰케이크

1 볼에 노른자와 설탕A를 넣고 가볍게 섞은 다음 중탕물에 올려 35℃까지 덥힌다.

2 뽀얀 미색이 될 때까지 휘핑한다.

    Tip 수분 함량이 높은 퓌레를 넣고 섞기 때문에 다른 제품보다 더 단단하게 휘핑해야 한다.

3 카놀라유를 중탕물에 올려 35℃까지 덥힌 다음 2에 넣으며 고르게 유화시킨다.

4 블루베리 퓌레와 플레인 요거트를 섞어 35℃로 데운 뒤 절반을 넣고 섞는다.

    Tip 퓌레와 요거트의 수분 함량이 높기 때문에 물이나 우유를 따로 첨가하지 않는다.

5 가루 재료를 체 쳐 넣고 가볍게 섞은 다음 남은 퓌레와 요거트를 천천히 부으며 고루 섞는다.

6 블루베리 리큐어를 넣고 섞는다.

7 차갑게 보관한 흰자에 설탕B를 3번에 나눠 넣으며 휘핑해 머랭을 100%까지 올린다.

8 6의 반죽에 머랭을 ⅓씩 나눠 넣으며 가볍게 섞는다.

9 준비한 틀에 팬닝하고 젓가락을 이용해 반죽을 고르게 섞는다.

    Tip 퓌레가 한 쪽으로 뭉친 채로 구우면 구멍이 크게 날 수 있기 때문이다. 단, 너무 많이 휘적여 반죽이 주저앉지 않도록 주의한다.

10 170℃로 예열된 컨벡션오븐에서 25~30분 동안 굽고 구워지자마자 뒤집어 완전히 식힌다.

블루베리 콩포트

11 냄비에 설탕과 블루베리를 함께 넣고 점성이 생길 때까지 끓인다.

12 점도가 생기면 레몬 즙과 레몬 리큐어를 넣고 식힌 다음 짤주머니에 담아 냉장 보관한다.

블루베리와 라즈베리 크림

13 생크림에 설탕을 넣고 섞어 70%까지 휘핑한다.

14 휘핑한 크림 50g에 라즈베리 퓌레를 섞어 라즈베리
크림을 만든다.

    Tip 시간이 지나면 색이 옅어지니 약간 진하게 만든다.

15 남은 크림에 블루베리 퓌레와 블루베리 리큐어를 넣은 뒤
80%까지 휘핑해 블루베리 크림을 만든다.

16 휘핑한 블루베리 크림 70g을 장식용으로 덜어 놓는다.

17 남은 블루베리 크림을 100%까지 휘핑한다.

18 세 가지 크림 모두 냉장고에 보관하다가 사용하기 직전
되기를 다시 맞춰 각각 짤주머니에 담는다.

몽타주

19 완전히 식은 시폰케이크를 틀에서 분리한 뒤
케이크분할기를 사용해 10조각으로 나눈다.

20 가운데 길게 칼집을 넣고 벌어진 공간에 벽을 세우듯
양 끝에 100% 휘핑한 블루베리 크림을 짠다.

21 블루베리 3알을 넣은 뒤 블루베리 콩포트를 짜고 다시
블루베리 크림을 짠다.

22 블루베리 4알을 올린 다음 장식용 블루베리 크림을
군데군데 짠다.

23 라즈베리 크림을 빈 공간에 짠 다음 타임을 올려
마무리한다.

분량	틀	몰드	굽기	난이도	소비기한
산도 10개	지름 18㎝ 시폰틀 2호 1개	실리코마트 MICRO LOVE5 1장	데크오븐 윗불 180℃, 아랫불 160℃ 컨벡션오븐 170℃, 25~30분	★★★★☆	냉장 2~3일

체리블라썸 산도

Cherry Blossom Sando

INGREDIENTS

기본 시폰케이크
분홍색 색소 · 0.2g
갈색 색소 · 0.1g
딸기 농축액 · 1g
노른자 · 72g
설탕A · 25g
소금 · 1g
카놀라유 · 35g
물 · 25g
우유 · 35g
박력분 · 30g
강력분 · 30g
옥수수전분 · 12g
흰자 · 152g
설탕B · 60g

디플로마트 크림
생크림A · 25g
우유 · 75g
바닐라 빈 · ½개
노른자 · 18g
설탕A · 25g
커스터드파우더 · 10g
젤라틴 · 1g
생크림B · 110g
설탕B · 15g

라즈베리 쿨리
라즈베리 퓌레 · 100g
설탕 · 20g
젤라틴 · 1g

하트 가나슈 무스 ❶
생크림 · 125g
체리블라썸 찻잎 · 2g
분홍색 색소 · 한 방울
화이트 초콜릿 · 75g
젤라틴 · 2g

하트 가나슈 무스 ❷
생크림 · 75g
갈색 색소 · 한 방울
분홍색 색소 · 한 방울
딸기 농축액 · 한 방울
화이트 초콜릿 · 50g
젤라틴 · 1g

레몬 즐레
레몬 즙 · 100g
설탕 · 20g
젤라틴 · 3g

우유 크림
마스카르포네 치즈 · 65g
생크림 · 300g
설탕 · 30g
연유 · 15g
우유 리큐어 · 10g
분홍색 색소 · 한 방울

몽타주
딸기 · 10개
산딸기 · 20개
데코젤미로와 · 적당량

기본 시폰케이크

1 두 가지 색소와 딸기 농축액을 섞는다.

2 볼에 노른자, 설탕A, 소금, 1의 색소를 넣고 가볍게 섞은 다음 중탕물에 올려 35℃까지 덥힌다.

3 카놀라유, 물+우유를 각각 중탕물에 올려 35℃까지 덥힌 다음 2에 차례대로 넣으며 고르게 유화시킨다.

4 색소를 넣고 섞은 뒤 가루 재료를 체 쳐 넣고 고루 섞는다.

5 차갑게 보관한 흰자에 설탕B를 3번에 나눠 넣으며 휘핑해 머랭을 100%까지 올린다.

6 4의 반죽에 머랭을 ⅓씩 나눠 넣으며 가볍게 섞는다.

7 준비한 틀에 팬닝한 다음 170℃로 예열된 컨벡션오븐에서 25~30분 동안 굽는다.

8 구워지자마자 뒤집어 완전히 식힌다.

11

13

15

18

디플로마트 크림

9 냄비에 생크림A, 우유, 바닐라 빈의 씨와 깍지를 넣고
끓인다.

10 볼에 노른자를 풀고 설탕A와 커스터드파우더를 넣어
섞는다.

11 9가 살짝 끓으면 10에 절반만 붓고 섞은 다음 냄비에 넣고
끓여 파티시에 크림을 만든다.

12 찬물에 불려 물기를 뺀 젤라틴을 넣고 섞은 뒤 95℃
이상으로 끓여 파티시에 크림을 만든다.

13 체에 걸러 트레이에 옮긴 뒤 밀착 랩핑하여 냉장 보관한다.

14 차가운 볼에 생크림B와 설탕B를 넣고 70%로 휘핑해
샹티이 크림을 만든다.

15 차갑게 식은 파티시에 크림 110g을 부드럽게 풀고 샹티이
크림을 혼합해 디플로마트 크림을 만든다.

16 중속에서 100%로 휘핑한 다음 냉장고에 보관하다가
사용하기 직전 되기를 다시 맞춘다.

라즈베리 쿨리

17 냄비에 라즈베리 퓌레와 설탕을 넣고 50℃까지 가열한다.

18 찬물에 불려 물기를 뺀 젤라틴을 넣고 섞어 짤주머니에
담아 냉장 보관한다.

하트 가나슈 무스 ❶

19 냄비에 생크림과 체리블라썸 찻잎을 넣고 70℃까지 끓인
다음 마른 행주나 면포를 덮고 실온에서 10~20분 동안
우린다.

20 색소를 넣은 뒤 체에 걸러 45℃로 녹인 화이트초콜릿에
붓고 섞는다.

21 찬물에 불려 물기를 뺀 젤라틴을 넣고 섞은 다음
핸드블렌더로 유화시킨 뒤 짤주머니에 담아 냉장 보관한다.

22 15℃가 되면 실리콘몰드에 절반씩 짠다(20개).

23 숟가락이나 얇은 스패튤러로 몰드 전체에 무스를 펴
바른다.

24 중앙에 라즈베리 쿨리를 조금씩 짜 넣고 그 위에 다시 하트
가나슈 무스를 틀 높이까지 짠 다음 스패튤러로 평평하게
정리한다.

하트 가나슈 무스 ❷

25 하트 가나슈 무스 ❶과 동일한 방법으로 만들어 남는
실리콘몰드에 짠 뒤 냉동고에 넣고 굳힌다(10개).

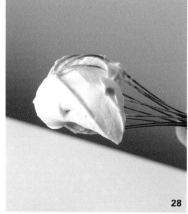

레몬 즐레
26 냄비에 레몬 즙과 설탕을 넣고 50℃까지 가열한다.
27 찬물에 불려 물기를 뺀 젤라틴을 넣고 섞어 짤주머니에
　　담아 냉장 보관한다.

우유 크림
28 부드럽게 푼 마스카르포네 치즈에 남은 재료를 모두 넣고
　　중속에서 80%까지 휘핑한 뒤 장식용으로 소량 덜어 둔다.
29 남은 크림은 100%로 휘핑해 냉장고에 보관하다가
　　사용하기 직전 되기를 다시 맞춰 짤주머니에 담는다.

몽타주
30 완전히 식은 시폰케이크를 틀에서 분리한 뒤
　　케이크분할기를 사용해 10조각으로 나눈다.
31 가운데 길게 칼집을 넣고 100% 휘핑한 우유 크림을 한 줄
　　짠다. 벌어진 공간에 벽을 세우듯 양 끝에도 크림을 짠다.
32 딸기 1개를 반으로 잘라 넣고 산딸기도 2개 넣는다.
33 레몬 즐레와 디플로마트 크림을 짠 다음 우유 크림을 짠다.
34 하트 가나슈 ❶ 2개, 하트 가나슈 무스 ❷ 1개를 올린다.
35 장식용 우유 크림과 샹티이 크림(분량 외), 데코젤미로와로
　　장식한다.

분량	틀	굽기	난이도	소비기한
산도 10개	지름 18cm 시폰틀 2호 1개	데크오븐 윗불 180℃, 아랫불 160℃ 컨벡션오븐 170℃, 25~30분	★★★★★	냉장 2~3일

마카다미아 통카 산도

Macadamia Tonka Sando

INGREDIENTS

아몬드 프랄리네
아몬드 · 100g
물 · 18g
설탕 · 85g

아몬드 시폰케이크
노른자 · 70g
설탕A · 20g
소금 · 1g
카놀라유 · 30g
아몬드 프랄리네 · 20g
물 · 30g
우유 · 20g

박력분 · 25g
강력분 · 25g
옥수수전분 · 20g
흰자 · 150g
설탕B · 60g

캐러멜라이즈드 마카다미아
마카다미아 · 50g
물 · 4g
설탕 · 20g
버터 · 4g

현미 퍼핑 크로캉
물 · 12g
설탕 · 30g
볶은 현미 · 70g
다크초콜릿 · 40g

오렌지 통카 빈 바닐라 가나슈 몽테
바닐라 빈 · 1개
생크림 · 300g
화이트초콜릿 · 80g
오렌지 제스트 · 5g
통카 빈 · 0.1g

통카 빈 나멜라카 크림
우유 · 100g
젤라틴 · 3g
밀크초콜릿 · 30g
다크초콜릿 · 45g
생크림 · 75g
쿠앵트로 · 3g
통카 빈 · 0.1g

몽타주
금박 · 적당량

141

아몬드 프랄리네

1 160℃ 오븐에 아몬드를 넣고 8~10분 정도 로스팅한다.
2 냄비에 물과 설탕을 넣고 118~120℃까지 끓여 시럽을
   만든다.
3 시럽에 아몬드를 넣고 계속 가열하며 섞어 설탕을 하얗게
   결정화시킨다.
4 하얀 설탕이 녹아 캐러멜이 될 때까지 섞는다.
5 테플론 시트 위에 올려 펼쳐 놓고 충분히 식힌 뒤 분쇄기에
   넣어 곱게 간다.

아몬드 시폰케이크

6 볼에 노른자, 설탕A, 소금을 넣고 가볍게 섞은 다음
   중탕물에 올려 35℃까지 덥힌다.
7 카놀라유, 아몬드 프랄리네, 물+우유를 각각 중탕물에 올려
   35℃까지 덥힌다.
8 데운 카놀라유와 아몬드 프랄리네를 6에 차례대로 넣고
   고르게 유화시킨다.
9 데운 물+우유를 넣으며 고르게 유화시킨다.
10 가루 재료를 체 쳐 넣고 고루 섞는다.
11 차갑게 보관한 흰자에 설탕B를 3번에 나눠 넣으며 휘핑해
   머랭을 100%까지 올린다.
12 10의 반죽에 머랭을 ⅓씩 나눠 넣으며 가볍게 섞는다.
13 준비한 틀에 팬닝한 다음 170℃로 예열된 컨벡션오븐에서
   25~30분 동안 굽는다.
14 구워지자마자 뒤집어 완전히 식힌다.

17

18

19

24-1

24-2

캐러멜라이즈드 마카다미아

15 160℃ 오븐에 마카다미아를 넣고 8~10분 정도 로스팅한다.

16 냄비에 물과 설탕을 넣고 118~120℃까지 끓여 시럽을 만든다.

17 시럽에 마카다미아를 넣고 계속 가열하며 섞어 설탕을 하얗게 결정화시킨다.

18 하얀 설탕이 녹아 캐러멜이 될 때까지 섞은 다음 버터를 넣어 버무린다.

19 테플론 시트 위에 올린 뒤 알알이 떨어뜨리고 식힌다.

　　Tip 캐러맬 색이 난 이후로는 쉽게 타기 때문에 빠르게 작업하도록 한다.

현미 퍼핑 크로캉

20 냄비에 물과 설탕을 넣고 118~120℃까지 끓여 시럽을 만든다.

21 볶은 현미를 시럽에 넣고 계속 가열하며 섞어 설탕을 하얗게 결정화시킨다.

22 하얀 설탕이 녹아 캐러멜이 될 때까지 가열하며 섞는다.

23 테플론 시트 위에 올려 펼치고 충분히 식힌다.

24 두 종류의 초콜릿을 함께 녹인 다음 23에 붓고 잘 섞는다.

25 냉장고에 넣고 30분 정도 굳힌다.

오렌지 통카 빈 바닐라 가나슈 몽테

26 바닐라 빈의 씨를 긁어내 생크림과 함께 냄비에 넣고
가열한다.

27 끓어오르면 불을 끄고 깨끗한 면포나 행주를 덮어 20분
정도 실온에서 우린다.

28 우린 생크림을 한 번 더 끓인 다음 체에 걸러 45℃로 녹인
화이트초콜릿에 붓는다.

　Tip 바닐라 빈의 씨를 남기고 싶다면 체에 거르지 않아도
좋으나 약간의 섬유질이 혼입될 수 있다.

29 핸드블렌더로 잘 섞은 다음 오렌지 제스트와 통카 빈을
갈아 넣는다.

　Tip 크림에 공기층이 많으면 세균이 번식하기 쉬우니
주의하며 섞는다.

30 밀착 랩핑한 뒤 냉장고에 넣고 12시간 이상 숙성시킨다.

31 중속에서 100%로 휘핑한 뒤 냉장고에 보관하다가
사용하기 직전 되기를 다시 맞춰 짤주머니에 담는다.

33-1

33-2

34

40

41

42

통카 빈 나멜라카 크림

32 우유를 50℃로 데운 다음 찬물에 불려 물기를 뺀 젤라틴을 넣는다.

33 45℃로 함께 녹여 둔 두 종류의 초콜릿에 붓고 잘 섞는다.

34 차가운 생크림과 쿠앵트로를 넣고 잘 섞은 뒤 핸드블렌더로 유화시킨다.

35 제스터로 통카 빈을 갈아 약간 넣고 섞는다.

36 밀착 랩핑한 뒤 냉장고에 넣고 12시간 이상 숙성시킨다.

37 사용하기 직전 살짝 휘핑해 짤주머니에 담는다.

> **Tip** 젤라틴 양을 늘리면 휘핑하지 않고 사용해도 된다.

몽타주

38 완전히 식은 시폰케이크를 틀에서 분리한 뒤 케이크분할기를 사용해 10조각으로 나눈다.

39 가운데 길게 칼집을 넣고 오렌지 통카 빈 바닐라 가나슈 몽테를 한 줄 짠다. 벌어진 공간에 벽을 세우듯 양 끝에도 크림을 짠다.

40 빈 공간에 캐러멜라이즈드 마카다미아와 현미 퍼핑 크로캉을 넣는다.

41 오렌지 통카 빈 가나슈 몽테를 짠다.

42 윗면에 통카 빈 나멜라카 크림을 지그재그로 짠다.

43 캐러멜라이즈드 마카다미아와 현미 퍼핑 크로캉, 금박을 올려 완성한다.

분량	틀	몰드	굽기	난이도	소비기한
산도 10개	지름 18cm 시폰틀 2호 1개	실리코마트 SF181 1장	데코오븐 윗불 180℃, 아랫불 160℃ 컨벡션오븐 170℃, 25~30분	★★★★★	냉장 2~3일

금귤 치즈 산도

Kumquat Cheese Sando

INGREDIENTS

치즈 시폰케이크
크림치즈 · 55g
노른자 · 72g
설탕A · 20g
카놀라유 · 35g
물 · 33g
우유 · 15g
박력분 · 85g
흰자 · 180g
설탕B · 70g

금귤 머멀레이드
금귤 · 100g
설탕 · 35g
구연산 · 0.1g
바닐라 빈 깍지 · 2g

석류 쿨리
석류 퓌레 · 50g
설탕 · 10g
주석산 · 0.1g
젤라틴 · 1.5g

치즈 크림
설탕 · 10g
쿠앵트로 · 15g
라임 즙 · 20g
생크림 · 150g
크림치즈 · 50g

금귤 무스
금귤 · 10개
노른자 · 25g
설탕 · 40g
우유 · 15g
젤라틴 · 2g
마스카르포네 치즈 · 100g
생크림 · 110g
금귤 제스트 · 1g
라임 즙 · 20g

몽타주
옥살리스 잎 · 적당량

치즈 시폰케이크

1 실온의 크림치즈를 부드럽게 풀어 노른자와 설탕A를 넣고 가볍게 섞은 다음 중탕물에 올려 35℃까지 덥힌다.

2 카놀라유, 물+우유를 각각 중탕물에 올려 35℃까지 덥힌 다음 1에 차례대로 넣으며 고르게 유화시킨다.

3 박력분을 체 쳐 넣고 고루 섞는다.

4 차갑게 보관한 흰자에 설탕B를 3번에 나눠 넣으며 휘핑해 머랭을 95%까지 올린다.

5 3의 반죽에 머랭을 ⅓씩 나눠 넣으며 가볍게 섞는다.

6 준비한 틀에 팬닝한 다음 170℃로 예열된 컨벡션오븐에서 25~30분 동안 굽는다.

7 구워지자마자 뒤집어 완전히 식힌다.

금귤 머멀레이드

8 금귤, 설탕+구연산, 바닐라 빈의 깍지를 함께 섞어
냉장고에 넣고 하루 동안 재운다.

9 냄비에 옮겨 담아 금귤의 숨이 죽을 때까지 끓인다.

10 적당히 조린 뒤 완전히 식혀 냉장 보관한다.

석류 쿨리

11 냄비에 석류 퓌레, 설탕, 주석산을 넣고 끓인다.

12 찬물에 불려 물기를 뺀 젤라틴을 넣고 섞은 다음
짤주머니에 담아 냉장 보관한다.

치즈 크림

13 볼에 크림치즈를 뺀 모든 재료를 넣고 80%로 휘핑해
샹티이 크림을 만든다.

14 부드럽게 푼 크림치즈에 샹티이 크림을 조금씩 넣어 가며
섞는다.

15 중속에서 100%로 휘핑한 뒤 냉장고에 보관하다가
사용하기 직전 되기를 다시 맞춰 짤주머니에 담는다.

금귤 무스

16 금귤을 얇게 썰어 4등분해 씨를 제거한 다음 실리콘몰드 두 장에 깐다.

17 노른자와 설탕을 섞은 다음 40℃로 데운 우유를 붓고 잘 섞는다.

18 냄비로 옮겨 80℃까지 끓인 뒤 찬물에 불려 물기를 뺀 젤라틴을 넣고 섞는다.

19 35℃까지 식힌 다음 부드럽게 푼 마스카르포네 치즈에 조금씩 부으며 섞는다.

20 80%까지 휘핑한 생크림을 섞고 금귤 제스트와 라임 즙을 넣는다.

21 준비한 16의 실리콘몰드에 붓고 스패튤러를 이용해 윗면을 평평하게 정리한 다음 냉동고에 넣고 굳힌다.

몽타주

22 완전히 식은 시폰케이크를 틀에서 분리한 뒤 케이크분할기를 사용해 10조각으로 나눈다.

23 가운데 길게 칼집을 넣고 치즈 크림을 한 줄 짠다. 벌어진 공간에 벽을 세우듯 양 끝에도 크림을 짠다.

24 금귤 머멀레이드를 넣고 석류 쿨리를 짠다.

25 치즈 크림을 짠 다음 몰드에서 뺀 금귤 무스를 4개씩 올린다.

26 옥살리스 잎을 얹어 마무리한다.

분량	틀	몰드	굽기	난이도	소비기한
산도 10개	지름 18㎝ 시폰틀 2호 1개	실리코마트 SF180 1장	데크오븐 윗불 180℃, 아랫불 160℃ 컨벡션오븐 170℃, 25~30분	★★★★★	냉장 2~3일

유자 초코 산도

Yuja Chocolate Sando

INGREDIENTS

코코아 시폰케이크
노른자 · 70g
설탕A · 25g
카놀라유 · 50g
물 · 60g
우유 · 15g
박력분 · 70g
코코아파우더 · 18g
베이킹파우더 · 2g
흰자 · 182g
설탕B · 60g

유자 초코 가나슈 ❶
다크초콜릿 · 25g
블론드초콜릿 · 25g
생크림 · 60g
물엿 · 10g
유자 제스트 · 3g

유자 초코 가나슈 ❷
블론드초콜릿 · 50g
생크림 · 50g
젤라틴 · 1g
유자 제스트 · 4g

크루스티앙
밀크초콜릿 · 40g
파에테포요틴 · 50g

유자 쿨리
유자 즙 · 50g
설탕 · 35g
젤라틴 · 1g

초콜릿 가나슈 몽테
밀크초콜릿 · 42g
다크초콜릿 · 30g
생크림 · 350g

몽타주
딸기 · 10개

7

9

11

13-1

13-2

코코아 시폰케이크

1 볼에 노른자와 설탕A를 넣고 가볍게 섞은 다음 중탕물에
   올려 35℃까지 덥힌다.

2 카놀라유, 물+우유를 중탕물에 올려 35℃까지 덥힌다.

3 카놀라유 전량, 물+우유 절반을 차례대로 넣으며 고르게
   유화시킨다.

4 가루 재료를 체 쳐 넣고 가볍게 섞은 다음 남은 물+우유를
   천천히 부으며 고루 섞는다.

5 차갑게 보관한 흰자에 설탕B를 3번에 나눠 넣으며 휘핑해
   머랭을 90%까지 올린다.

6 4의 반죽에 머랭을 소량 넣고 완벽하게 섞은 다음 남은
   머랭을 2번에 나눠 넣고 섞는다.

   Tip 코코아파우더의 유분과 무게감 때문에 머랭이 꺼지기
   쉬우니 신속하게 섞는다.

7 준비한 틀에 팬닝한 다음 170℃로 예열된 컨벡션오븐에서
   25~30분 동안 굽는다.

   Tip 코코아 시폰케이크는 반죽의 거품이 쉽게 꺼지기 때문에
   팬닝 후 내려치지 않는다.

8 구워지자마자 뒤집어 완전히 식힌다.

유자 초코 가나슈 ❶

9 다크초콜릿과 블론드초콜릿을 섞어 45℃로 녹인다.

10 냄비에 생크림과 물엿을 넣고 45℃까지 데운 다음 9에 붓고
   섞는다.

11 유자 제스트를 넣고 핸드블렌더로 유화시킨 다음
   실리콘몰드에 부어 냉동고에 넣고 굳힌다(30개).

12 완전하게 굳으면 몰드에서 빼내 반으로 자르고 다시 몰드에
   돌려 넣는다.

유자 초코 가나슈 ❷

13 유자 초코 가나슈 ❶과 같은 방법으로 만들어 12에서 ❶을
   넣고 난 빈 공간에 붓고 냉동고에 넣어 굳힌다.

   Tip ❷의 젤라틴은 찬물에 불린 뒤 물기를 빼고 생크림이
   끓으면 넣어 녹인다.

크루스티앙

14 밀크초콜릿을 녹여 파에테포요틴에 붓고 섞은 다음 냉장
고에 넣고 굳힌다.

15 초콜릿이 굳으면 적당한 크기로 부수어 놓는다.

유자 쿨리

16 냄비에 유자 즙과 설탕을 넣고 50℃까지 끓인다.

17 찬물에 불려 물기를 뺀 젤라틴을 넣고 섞은 다음
짤주머니에 담아 냉장 보관한다.

초콜릿 가나슈 몽테

18 두 가지 초콜릿을 섞어 45℃로 녹인다.

19 냄비에 생크림을 넣고 45℃까지 데운 다음 18에 붓고
섞는다.

20 핸드블렌더로 잘 유화시킨 다음 냉장고에서 12시간 이상
숙성시킨다.

21 중속으로 100%까지 휘핑해 냉장고에 보관하다가
사용하기 직전 되기를 다시 맞춰 짤주머니에 담는다.

몽타주

22 완전히 식은 시폰케이크를 틀에서 분리한 뒤
케이크분할기를 사용해 10조각으로 나눈다.

23 가운데 길게 칼집을 넣고 초콜릿 가나슈 몽테를 한 줄 짠다.
벌어진 공간에 벽을 세우듯 양 끝에도 크림을 짠다.

24 벌어진 공간에 딸기 1개를 반으로 잘라 넣고 유자 쿨리를
짠다.

25 초콜릿 가나슈 몽테를 짠다.

26 몰드에서 뺀 유자 초코 가나슈를 3개씩 올린다.

27 빈 공간에 크루스티앙을 올리고 유자 쿨리를 군데군데 짜
완성한다.

분량	틀	굽기	난이도	소비기한
산도 10개	지름 18㎝ 시폰틀 2호 1개	데크오븐 윗불 180℃, 아랫불 160℃ 컨벡션오븐 170℃, 25~30분	★★★★★	냉장 2~3일

코코 망고 산도

Coconut Mango Sando

INGREDIENTS

코코넛 시폰케이크
노른자 · 70g
설탕A · 25g
코코넛 오일 · 35g
물 · 32g
우유 · 20g
코코넛 밀크 · 30g
박력분 · 75g
베이킹파우더 · 2g
코코넛가루 · 15g
흰자 · 170g
설탕B · 65g

코코넛 무스
코코넛 밀크 · 65g
우유 · 35g
코코넛 페이스트 · 5g
설탕 · 22g
젤라틴 · 3g
생크림 · 125g

망고 콩포트
망고 퓌레 · 50g
패션프루트 퓌레 · 20g
물엿 · 15g
설탕 · 20g

구연산 · 0.1g
옥수수전분 · 1g
라임 제스트 · 0.1g

패션프루트 가나슈
패션프루트 퓌레 · 50g
설탕A · 12g
옥수수전분 · 5g
생크림 · 50g
설탕B · 13g
화이트초콜릿 · 33g
버터 · 35g

망고 크림
마스카르포네 치즈 · 25g
생크림 · 300g
설탕 · 30g
망고 퓌레 · 42g
패션프루트 퓌레 · 18g

몽타주
망고 · 1개
코코넛가루 · 적당량
코코넛 청크 · 적당량

코코넛 시폰케이크

1 볼에 노른자와 설탕A를 넣고 가볍게 섞은 다음 중탕물에
   올려 35℃까지 덥힌다.
2 뽀얀 미색이 될 때까지 휘핑한다.
3 코코넛 오일, 물+우유+코코넛 밀크를 각각 중탕물에
   올려 35℃까지 덥힌 다음 2에 차례대로 넣으며 고르게
   유화시킨다.
4 가루 재료를 체 쳐 넣고 고루 섞는다.
   Tip 코코넛가루의 입자가 커서 체에 전부 걸러지지 않는다.
   이물이 없다면 체에 남은 가루도 넣어 사용한다.

5 차갑게 보관한 흰자에 설탕B를 3번에 나눠 넣으며 휘핑해
   머랭을 100%까지 올린다.
6 4의 반죽에 머랭을 ⅓씩 나눠 넣으며 가볍게 섞는다.
7 준비한 틀에 팬닝한 다음 170℃로 예열된 컨벡션오븐에서
   25~30분 동안 굽는다.
   Tip 재료들의 성질 때문에 반죽이 잘 부풀지 않아 팬닝 양이
   많다.
8 구워지자마자 뒤집어 완전히 식힌다.

코코넛 무스

9 냄비에 코코넛 밀크, 우유, 코코넛 페이스트, 설탕을 넣고
   가열한다.

10 찬물에 불려 물기를 제거한 젤라틴을 넣고 녹인 다음
   35℃까지 식힌다.

11 생크림을 80%까지 휘핑해 10과 고루 섞은 다음 냉장고에
   잠시 넣어 둔다.

12 짤 수 있는 되기로 굳었다면 OPP 필름 위에 물방울
   모양으로 총 길이 8㎝가 되도록 짠다.

13 또 한 장의 OPP필름을 덮고 살짝 눌러 냉동고에서 굳힌다.

망고 콩포트

15 냄비에 두 가지 퓌레와 물엿을 넣고 40℃로 가열한다.

16 설탕, 구연산, 옥수수전분을 섞어 넣고 끓인다.

　Tip 옥수수전분을 단독으로 사용할 경우 덩어리질 수 있으므로 반드시 설탕과 섞어서 사용한다.

　Tip 너무 낮은 온도에 설탕과 옥수수전분을 넣으면 덩어리 질 수 있다.

17 점도가 생기면 불을 끄고 충분히 식힌 뒤 라임 제스트를 넣는다.

18 짤주머니에 담아 냉장 보관한다.

패션프루트 가나슈

19 냄비에 패션프루트 퓌레를 넣고 설탕A와 옥수수전분을 섞어 넣은 뒤 50℃로 가열한다.

20 또 다른 냄비에 생크림과 설탕B를 넣고 50℃로 가열한 뒤 19에 부어 섞는다.

21 45℃로 녹인 화이트초콜릿에 붓고 잘 섞는다.

22 부드럽게 푼 버터와 섞은 뒤 핸드블렌더로 유화시켜 마무리한다.

23 짤주머니에 담아 냉장 보관한다.

25

29

30

31

32

망고 크림

24 부드럽게 푼 마스카르포네 치즈, 생크림, 설탕을 섞어
70%까지 휘핑한다.

25 냉장고에서 녹여 둔 두 가지 퓌레를 섞고 100%까지
휘핑한다.

26 냉장고에 보관하다가 사용하기 직전 되기를 다시 맞춰
짤주머니에 담는다.

몽타주

27 완전히 식은 시폰케이크를 틀에서 분리한 뒤
케이크분할기를 사용해 10조각으로 나눈다.

28 가운데 길게 칼집을 넣고 망고 크림을 한 줄 짠다. 벌어진
공간에 벽을 세우듯 양 끝에도 크림을 짠다.

29 패션프루트 가나슈를 짠 다음 망고를 작게 잘라 넣는다.

30 망고 콩포트를 짠 다음 다시 망고 크림을 짠다.

31 코코넛 무스의 필름을 제거한 뒤 코코넛가루를 앞뒤로
묻히고 30위에 올린다.

32 남은 패션프루트 가나슈를 짜고 코코넛 청크를 올려
장식한다.

분량	틀	굽기	난이도	소비기한
산도 10개	지름 18cm 시폰틀 2호 1개	데크오븐 윗불 180℃, 아랫불 160℃ 컨벡션오븐 170℃, 25~30분	★★★★	냉장 2~3일

체리 가나슈 산도

Cherry Ganache Sando

INGREDIENTS

코코아 시폰케이크
노른자 · 70g
설탕A · 25g
카놀라유 · 50g
물 · 60g
우유 · 15g
박력분 · 70g
코코아파우더 · 18g
베이킹파우더 · 2g
흰자 · 182g
설탕B · 60g

체리 콩포트
설탕 · 55g
구연산 · 0.1g
옥수수전분 · 5g
체리 · 120g
레몬 즙 · 10g

다크초콜릿 가나슈
생크림 · 75g
다크초콜릿 · 50g
키르슈 · 3g

체리 가나슈 몽테
생크림 · 210g
체리 퓌레 · 40g
밀크초콜릿 · 50g
다크초콜릿 · 14g
키르슈 · 3g

몽타주
체리 · 20개

코코아 시폰케이크

1 볼에 노른자와 설탕A를 넣고 가볍게 섞은 다음 중탕물에 올려 35℃까지 덥힌다.
2 카놀라유, 물+우유를 중탕물에 올려 35℃까지 덥힌다.
3 카놀라유 전량, 물+우유 절반을 차례대로 넣으며 고르게 유화시킨다.
4 가루 재료를 체 쳐 넣고 가볍게 섞은 다음 남은 물+우유를 천천히 부으며 섞는다.
5 차갑게 보관한 흰자에 설탕B를 3번에 나눠 넣으며 휘핑해 머랭을 90%까지 올린다.
6 4의 반죽에 머랭을 소량 넣고 완벽하게 섞은 다음 남은 머랭을 2번에 나눠 넣고 섞는다.
   Tip 코코아파우더의 유분과 무게감 때문에 머랭이 꺼지기 쉬우니 신속하게 섞는다.
7 준비한 틀에 팬닝한 뒤 170℃로 예열된 컨벡션오븐에서 약 30분 동안 굽는다.
8 구워지자마자 뒤집어 완전히 식힌다.

체리 콩포트

9 설탕, 구연산, 옥수수전분을 섞는다.
   Tip 옥수수전분을 단독으로 사용할 경우 덩어리질 수 있으므로 반드시 설탕과 섞어서 사용한다.
10 냄비에 체리를 넣고 40℃까지 데운 다음 9를 넣고 계속 섞으며 가열한다.
   Tip 너무 낮은 온도에 설탕과 옥수수전분을 넣으면 덩어리 질 수 있다.
11 점도가 생기면 레몬 즙을 넣고 식힌 다음 짤주머니에 담아 냉장 보관한다.

다크초콜릿 가나슈

12 냄비에 생크림을 넣고 45℃까지 가열한다.
13 45℃로 녹인 다크초콜릿에 붓고 잘 섞은 다음 핸드블렌더로 유화시킨다.
14 키르슈를 넣고 섞은 다음 충분히 식혀 별깍지를 끼운 짤주머니에 담는다.
15 냉장고에 넣고 12시간 이상 숙성시킨다.

24

25-1

25-2

체리 가나슈 몽테

16 생크림과 체리 퓌레를 냄비에 넣고 45℃까지 가열한다.

17 45℃로 녹인 두 가지 초콜릿에 부어 잘 섞은 다음
핸드블렌더로 유화시킨다.

18 키르슈를 넣고 식힌 다음 냉장고에 넣고 12시간 동안 숙성
시킨다.

19 중속으로 100%까지 휘핑한다.

20 냉장고에 보관하다가 사용하기 직전 되기를 다시 맞춰
짤주머니에 담는다.

몽타주

21 완전히 식은 시폰케이크를 틀에서 분리한 뒤
케이크분할기를 사용해 10조각으로 나눈다.

22 가운데 길게 칼집을 넣고 체리 가나슈 몽테를 한 줄 짠다.
벌어진 공간에 벽을 세우듯 양 끝에도 크림을 짠다.

23 체리 한 개를 반으로 잘라 물기를 제거한 뒤 빈 공간에
넣는다.

24 체리 콩포트를 짠 다음 체리 가나슈 몽테를 짠다.

25 윗면에 다크초콜릿 가나슈를 지그재그로 짠 뒤 체리를 올려
완성한다.

분량	틀	굽기	난이도	소비기한
산도	지름 18㎝	데크오븐 윗불 180℃, 아랫불 160℃	★★★★★	냉장
10개	시폰틀 2호 1개	컨벡션오븐 170℃, 25~30분		2~3일

솔티 캐러멜 산도
Salted Caramel Sando

INGREDIENTS

캐러멜
설탕 · 200g
물 · 50g
생크림 · 200g
소금 · 1g

캐러멜 시폰케이크
노른자 · 70g
설탕A · 22g
카놀라유 · 35g
물 · 50g
캐러멜 · 100g
박력분 · 82g
흰자 · 152g
설탕B · 65g

캐러멜라이즈드
아몬드 & 피칸
아몬드 · 35g
피칸 · 35g
물 · 5g
설탕 · 30g
버터 · 4g

캐러멜 크림
생크림 · 200g
캐러멜 · 50g
설탕 · 20g
쿠앵트로 · 10g

8

3-1

3-2

12

캐러멜

1 설탕과 물을 냄비에 넣고 끓여 캐러멜화시킨다.
> **Tip** 설탕이 하얗게 재결정화될 수 있으므로 젓거나 충격을
> 가하지 않는다.

2 동시에 다른 냄비에 생크림과 소금을 넣고 80℃ 이상으로
끓인다.
> **Tip** 생크림과 캐러멜의 온도차가 심하면 설탕이 결정화될 수
> 있다.

3 캐러멜이 완성되면 불을 끄고 데운 생크림을 조금씩 부으며
잘 섞는다.
> **Tip** 생크림을 넣으면 내용물이 튈 수 있으니 화상에
> 주의한다.
> **Tip** 캐러멜을 묵직하게 만들면 완성된 캐러멜 시폰이
> 주저앉을 수 있으니 생크림을 섞으면 바로 불에서 내린다.

4 시폰케이크와 크림용으로 캐러멜을 계량해 두고 남은
캐러멜은 짤주머니에 담는다.

캐러멜 시폰케이크

5 볼에 노른자와 설탕A를 넣고 가볍게 섞은 다음 중탕물에
올려 35℃까지 덥힌다.

6 뽀얀 미색이 될 때까지 휘핑한다.

7 카놀라유, 물을 각각 중탕물에 올려 35℃까지 덥힌 다음
6에 차례대로 넣으며 고르게 유화시킨다.

8 35℃로 데운 캐러멜을 넣고 섞는다.

9 박력분을 체 쳐 넣고 고루 섞는다.

10 차갑게 보관한 흰자에 설탕B를 3번에 나눠 넣으며 휘핑해
머랭을 100%까지 올린다.

11 9의 반죽에 머랭을 ⅓씩 나눠 넣으며 가볍게 섞는다.
> **Tip** 캐러멜의 무게감 때문에 머랭이 더 쉽게 꺼질 수 있으니
> 조심스럽게 섞는다.

12 준비한 틀에 팬닝한 다음 170℃로 예열된 컨벡션오븐에서
25~30분 동안 굽는다.

13 구워지자마자 뒤집어 완전히 식힌다.

캐러멜라이즈드 아몬드 & 피칸

14 160℃ 오븐에 아몬드와 피칸을 넣고 8~10분 정도
로스팅한다.

15 냄비에 물과 설탕을 넣고 118~120℃까지 끓여 시럽을
만든다.

16 아몬드와 피칸을 시럽에 넣고 계속 가열하며 섞어 설탕을
하얗게 결정화시킨다.

17 하얀 설탕이 녹아 캐러멜이 될 때까지 가열하며 섞는다.

18 버터를 넣어 섞고 테플론 시트 위에 펼쳐 식힌다.

캐러멜 크림

19 생크림에 실온의 캐러멜을 넣고 잘 풀며 섞는다.

20 냉장고에 넣고 3시간 이상 차갑게 식힌다.

21 설탕과 쿠앵트로를 넣고 100%까지 휘핑한다.

22 냉장고에 보관하다가 사용하기 직전 되기를 다시 맞춰
짤주머니에 담는다.

몽타주

23 완전히 식은 시폰케이크를 틀에서 분리한 뒤
케이크분할기를 사용해 10조각으로 나눈다.

24 가운데 길게 칼집을 넣고 캐러멜 크림을 시폰의 절반
높이까지 짠다.

25 캐러멜라이즈드 아몬드와 피칸을 가득 올린다.

26 짤주머니에 넣은 캐러멜 소스를 듬뿍 짠다.

Chiffon Roll Cake

KOUN KOUNN
CHIFFON ROLL CAKE

3

────── 시폰 롤케이크 ──────

부드러운 시폰케이크를 이용해 롤케이크를 만들면 시폰케이크 특유의 부드럽고 폭신폭신하며 탱글탱글한 식감이
롤케이크의 매력을 극대화한다. 이 책에 소개한 산도 제품은 모두 롤케이크로, 롤케이크 제품은 산도로 응용이 가능하니
다양하게 활용해 보자. 맛도 좋고 모양도 예뻐 쇼케이스에 진열하기 좋고 선물용으로도 손색이 없다.

분량	틀	굽기	난이도	소비기한
폭 3.5cm 롤케이크 6개	½ 빵팬(39×29×4.5cm) 1장	데크오븐 윗불 180℃, 아랫불 160℃ 컨벡션오븐 170℃, 15분	★★★★★	냉장 2~3일

프루트 바닐라 롤케이크

Fruit Vanila
Roll Cake

— INGREDIENTS —

기본 시폰케이크
노른자 · 72g
설탕A · 25g
소금 · 1g
카놀라유 · 35g
물 · 22g

우유 · 22g
박력분 · 60g
옥수수전분 · 12g
흰자 · 160g
설탕B · 65g

바닐라 가나슈 몽테
바닐라 빈 · 1개
생크림 · 350g
화이트초콜릿 · 87g

몽타주
계절 과일 · 적당량

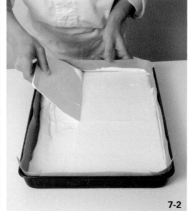

기본 시폰케이크

1 준비한 팬에 테플론 시트를 재단해 깔아 둔다.

2 볼에 노른자, 설탕A, 소금을 넣고 가볍게 섞은 다음 중탕물에 올려 35℃까지 덥힌다.

3 카놀라유, 물+우유를 각각 중탕물에 올려 35℃까지 덥힌 다음 2에 차례대로 넣으며 고르게 유화시킨다.

4 가루 재료를 체 쳐 넣고 고루 섞는다.

5 차갑게 보관한 흰자에 설탕B를 3번에 나눠 넣으며 휘핑해 100% 머랭을 만든다.

6 4의 반죽에 머랭을 ⅓씩 나눠 넣으며 가볍게 섞는다.

7 반죽을 준비한 팬에 팬닝한 뒤 스크레이퍼를 이용해 윗면을 평평하게 정리한다.

8 170℃로 예열된 컨벡션오븐에서 약 15분 동안 굽는다.

9 구워진 시트를 꺼내 옆면에 붙은 테플론 시트를 떼어 낸 다음 식힘망에 옮겨 식힌다.

바닐라 가나슈 몽테

10 바닐라 빈을 반으로 갈라 씨를 긁어 낸다.

11 냄비에 생크림, 바닐라 빈의 씨와 깍지를 넣고 가열한다.

12 생크림이 끓으면 불을 끄고 깨끗한 면포나 행주를 덮어 20분 정도 우린다.

13 우린 생크림을 다시 한 번 가열한 뒤 체에 걸러 45℃로 녹인 화이트초콜릿에 붓는다.

14 잘 섞은 다음 핸드블렌더로 유화시킨다.

15 12시간 이상 냉장고에서 숙성시킨다.

16 장식용으로 소량 덜어 두고 중속에서 100%로 휘핑한 다음 냉장고에 보관하다가 사용하기 직전 되기를 다시 맞춘다.

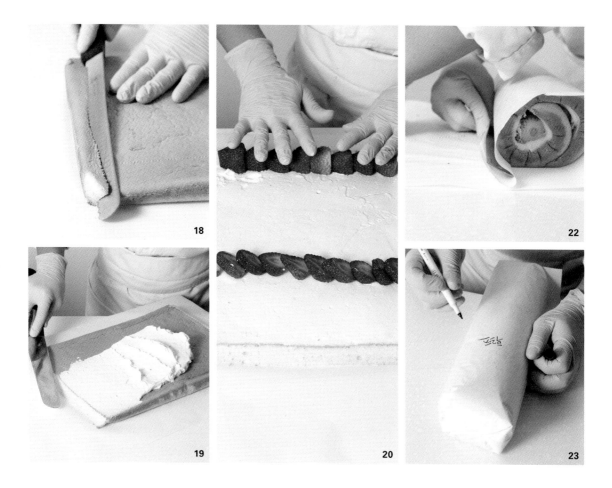

몽타주

17 완전히 식은 시폰케이크 시트에 새 유산지를 덮고 뒤집은
다음 붙어 있던 테플론 시트를 제거한다.

18 구움면이 위로 향하게 뒤집은 다음 끝부분은 사선으로,
앞부분은 일자로 재단한다.

19 바닐라 가나슈 몽테를 전면에 펴 바른다.

20 계절 과일을 앞쪽과 중앙에 한 줄씩 늘어 놓는다.
　　　Tip 이 책에서는 딸기를 사용했다.

21 앞부분을 살짝 누른 뒤 힘을 빼고 쭉 밀어 동그랗게 만든다.

22 끝부분에 자를 대고 유산지를 당겨 단단하게 고정한다.

23 냉장고에 넣고 6시간 이상 숙성시킨 다음 3.5cm 너비로
재단한다.

24 윗면에 장식용 바닐라 가나슈 몽테를 짜고 계절 과일을
올려 완성한다.

분량	틀	몰드	굽기	난이도	소비기한
폭 3.5㎝ 롤케이크 6개	패밀리팬(33.5×26×4.5㎝) 1장	실리코마트 SF006 1장	데크오븐 윗불 180℃, 아랫불 160℃ 컨벡션오븐 170℃, 15분	★★★★★	냉장 2~3일

라임 롤케이크

Lime
Roll Cake

─── INGREDIENTS ───

라임 시폰케이크
노른자 · 72g
설탕A · 25g
소금 · 1g
녹인 버터 · 35g
물 · 20g
우유 · 18g
박력분(아트레제) · 70g
라임 제스트 · 1개 분량
흰자 · 148g
설탕B · 60g

라임 커드
전란 · 55g
노른자 · 18g
설탕 · 60g
라임 즙 · 70g
라임 제스트 · 1개 분량
타임 · 7g
버터 · 75g

라임 설탕
설탕 · 10g
라임 제스트 · 1g

라임 크림
생크림 · 150g
라임 커드 · 105g

몽타주
라임 제스트 · 적당량
타임 · 적당량

라임 시폰케이크

1 준비한 팬에 테플론 시트를 재단해 깔아 둔다.

2 볼에 노른자, 설탕A, 소금을 넣고 가볍게 섞은 다음 중탕물에 올려 35℃까지 덥힌다.

3 녹인 버터, 물+우유를 각각 중탕물에 올려 35℃까지 덥힌 다음 2에 차례대로 넣으며 고르게 유화시킨다.

4 박력분을 체 쳐 넣고 라임 제스트를 더해 고루 섞는다.

5 차갑게 보관한 흰자에 설탕B를 3번에 나눠 넣으며 휘핑해 머랭을 90%까지 올린다.

6 4의 반죽에 머랭을 ⅓씩 나눠 넣으며 가볍게 섞는다.
    Tip 버터가 들어간 무거운 반죽이기 때문에 머랭을 섞는 과정에서 거품이 꺼지며 제품의 완성도가 떨어질 수 있으니 주의한다.

7 반죽을 준비한 팬에 팬닝한 뒤 스크레이퍼를 이용해 윗면을 평평하게 정리한다.

8 170℃로 예열된 컨벡션오븐에서 약 15분 동안 굽는다.

9 구워진 시트를 꺼내 옆면에 붙은 테플론 시트를 떼어 낸 다음 식힘망에 옮겨 식힌다.

라임 커드

10 전란과 노른자를 볼에 넣고 푼 다음 설탕을 넣고 잘 섞는다.

11 라임 즙과 라임 제스트, 타임을 넣고 냄비로 옮겨 잘 저으면서 80℃까지 가열한다.

12 되직해지면 체에 걸러 45℃까지 식히고 18℃의 버터를 담은 용기에 붓는다.

13 핸드블렌더를 끊어 가며 여러 번 작동시켜 버터 알갱이가 보이지 않을 정도로만 섞는다.

14 라임 크림에 사용할 분량을 덜어 둔 뒤 실리콘몰드에 부어 얼린다. 남은 커드는 짤주머니째로 냉장고에 보관한다.

라임 설탕

15 설탕과 라임 제스트를 섞어 테플론 시트를 깐 베이킹팬에
펼친 뒤 50℃ 오븐에서 6시간 정도 바짝 말린다.

라임 크림

16 차가운 볼에 생크림을 넣고 70%까지 휘핑한다.

17 라임 커드를 넣고 잘 섞은 다음 장식용으로 소량 덜어 두고
중속에서 100%로 휘핑한다.

18 냉장고에 보관하다가 사용하기 직전 되기를 다시 맞춘다.

몽타주

19 완전히 식은 시폰케이크 시트에 새 유산지를 덮고 뒤집은
다음 붙어 있던 테플론 시트를 제거한다.

20 구움면이 위로 향하게 뒤집은 다음 끝부분은 사선으로,
앞부분은 일자로 재단한다.

21 라임 크림을 전면에 펴 바른 다음 짤주머니에 담은 라임
커드를 앞쪽에 여러 줄 짠다.

22 앞부분을 살짝 누른 뒤 힘을 빼고 쭉 밀어 동그랗게 만든다.

23 끝부분에 자를 대고 유산지를 당겨 단단하게 고정한다.

24 냉장고에 넣고 6시간 이상 숙성시킨 다음 3.5㎝ 너비로
재단한다.

25 재단한 롤케이크를 눕힌 뒤 얼린 라임 커드 2개를
실리콘몰드에서 떼어 올린다.

26 장식용 라임 크림과 짤주머니에 담은 라임 커드를 윗면에
짠다.

27 라임 제스트를 약간 뿌리고 타임과 라임 설탕을 올려
마무리한다.

분량	틀	굽기	난이도	소비기한
폭 3.5㎝ 롤케이크 6개	½빵팬(39×29×4.5㎝) 1장	데크오븐 윗불 180℃, 아랫불 160℃ 컨벡션오븐 170℃, 15분	★★ ★ ★	냉장 2~3일

밀크티 롤케이크

Milk Tea Roll Cake

INGREDIENTS

얼그레이 우유
얼그레이 찻잎 · 4g
우유 · 260g

얼그레이 시폰케이크
노른자 · 72g
설탕A · 20g
카놀라유 · 35g
얼그레이 우유 · 40g
강력분 · 30g

박력분 · 30g
옥수수전분 · 12g
흰자 · 148g
설탕B · 60g

얼그레이 디플로마트 크림
얼그레이 우유 · 200g
노른자 · 36g
설탕A · 50g
커스터드파우더 · 20g
젤라틴 · 2g
생크림 · 250g
설탕B · 25g

얼그레이 우유

1 얼그레이 찻잎과 우유를 냄비에 넣고 가열해 끓어오르면 불을 끄고 깨끗한 면포나 행주를 덮어 5분 정도 우린다.

2 체에 거른 다음 240g을 계량하고 만약 모자라면 우유를 첨가한다.

3 얼그레이 시폰케이크와 얼그레이 디플로마트 크림 용으로 각각 계량해 사용한다.

얼그레이 시폰케이크

4 준비한 팬에 테플론 시트를 재단해 깔아 둔다.

5 볼에 노른자와 설탕A를 넣고 가볍게 섞은 다음 중탕물에 올려 35℃까지 덥힌다.

6 카놀라유와 얼그레이 우유를 각각 중탕물에 올려 35℃까지 덥힌 뒤 카놀라유 전량과 얼그레이 우유 절반을 차례대로 넣으며 고르게 유화시킨다.

7 가루 재료를 체 쳐 넣고 가볍게 섞은 다음 남은 우유를 천천히 부으며 고루 섞는다.

8 차갑게 보관한 흰자에 설탕B를 3번에 나눠 넣으며 휘핑해 머랭을 100%까지 올린다.

9 7의 반죽에 머랭을 ⅓씩 나눠 넣으며 가볍게 섞는다.

10 반죽을 준비한 팬에 팬닝한 뒤 스크레이퍼를 이용해 윗면을 평평하게 정리한다.

11 170℃로 예열된 컨벡션오븐에서 약 15분 동안 굽는다.

12 구워진 시트를 꺼내 옆면에 붙은 테플론 시트를 떼어 낸 다음 식힘망에 옮겨 식힌다.

18-1

22

24

18-2

27

얼그레이 디플로마트 크림

13 냄비에 얼그레이 우유를 넣고 끓인다.

14 볼에 노른자를 풀고 설탕A와 커스터드파우더를 넣어
섞는다.

15 13이 살짝 끓으면 14에 절반만 붓고 섞은 다음 다시
냄비에 넣고 95℃ 이상으로 끓여 얼그레이 파티시에
크림을 만든다.

16 찬물에 불려 물기를 뺀 젤라틴을 넣고 섞은 다음 트레이에
옮기고 밀착 랩핑해 냉장 보관한다.

> **Tip** 재빠르게 식혀야 세균 번식의 위험이 적다. 냉동고에
> 잠시 넣어 온기가 사라지면 냉장고로 옮기는 것이 좋다.

17 차가운 볼에 생크림과 설탕B를 넣고 휘핑해 샹티이 크림을
만든다.

18 차갑게 식은 파티시에 크림 100g을 부드럽게 풀고 샹티이
크림을 혼합해 디플로마트 크림을 만든다.

19 장식용으로 소량 덜어 두고 중속에서 100%로 휘핑해
냉장고에 보관하다가 사용하기 직전 되기를 다시 맞춘다.

몽타주

20 완전히 식은 시폰케이크 시트에 새 유산지를 덮고 뒤집은
다음 붙어 있던 테플론 시트를 제거한다.

21 구움면이 위로 향하게 뒤집은 뒤 끝부분은 사선으로,
앞부분은 일자로 재단한다.

22 얼그레이 디플로마트 크림을 전면에 펴 바른다.

23 남은 얼그레이 파티시에 크림을 짤주머니에 담아 앞쪽에
여러 줄 짠다.

24 앞부분을 살짝 누른 뒤 힘을 빼고 쭉 밀어 동그랗게 만든다.

25 끝부분에 자를 대고 유산지를 당겨 단단하게 고정한다.

26 냉장고에 넣고 6시간 이상 숙성시킨 다음 3.5㎝ 너비로
재단한다.

27 재단한 롤케이크를 눕힌 뒤 장식용 얼그레이 디플로마트
크림과 남은 얼그레이 파티시에 크림을 짜 완성한다.

분량	틀	굽기	난이도	소비기한
폭 3.5cm 롤케이크 6개	½빵팬(39×29×4.5cm) 1장	데크오븐 윗불 180℃, 아랫불 160℃ 컨벡션오븐 170℃, 15분	★★☆☆☆	냉장 2~3일

민트 초코 롤케이크

Mint Chocolate Roll Cake

INGREDIENTS

초콜릿 시폰케이크
노른자 · 70g
설탕A · 25g
카놀라유 · 32g
다크초콜릿 · 52g
물 · 50g
다크 럼 · 10g
박력분 · 42g
코코아파우더 · 10g
흰자 · 180g
설탕B · 65g

민트 가나슈 몽테
생크림 · 300g
페퍼민트 · 5g
화이트초콜릿 · 65g
민트 리큐어 · 5g
파란색 색소 · 한 방울
초록색 색소 · 한 방울
다크초콜릿 · 30g

초콜릿 시폰케이크

1 준비한 팬에 테플론 시트를 재단해 깔아 둔다.

2 볼에 노른자와 설탕A를 넣고 가볍게 섞은 다음 중탕물에 올려 35℃까지 덥힌다.

3 카놀라유, 다크초콜릿, 물을 각각 중탕물에 올려 35℃까지 덥힌 다음 2에 넣고 고르게 유화시킨다.

4 다크 럼을 넣고 섞어 고르게 유화시킨다.

5 가루 재료를 체 쳐 넣고 섞는다.

6 차갑게 보관한 흰자에 설탕B를 3번에 나눠 넣으며 휘핑해 머랭을 100%까지 올린다.

7 5의 반죽에 머랭을 ⅓씩 나눠 넣으며 가볍게 섞는다.

8 반죽을 준비한 팬에 팬닝한 뒤 스크레이퍼를 이용해 윗면을 평평하게 정리한다.

9 170℃로 예열된 컨벡션오븐에서 약 15분 동안 굽는다.

10 구워진 시트를 꺼내 옆면에 붙은 테플론 시트를 떼어 낸 다음 식힘망에 옮겨 식힌다.

> **Tip** 초콜릿 시폰케이크는 초콜릿의 무게 때문에 반죽의 거품이 쉽게 꺼지니 팬닝 후 내려치지 않는다.

15-1 15-2 15-3 16 19

민트 가나슈 몽테

11 냄비에 생크림을 넣고 끓인 뒤 페퍼민트를 넣고 깨끗한 면포나 행주를 덮어 5분 동안 우린다.

> Tip 페퍼민트는 손으로 두들겨 살짝 으깨면 향이 더욱 살아난다. 너무 오래 우리면 좋지 않은 향이 나니 주의한다.

12 우린 생크림을 체에 걸러 45℃로 녹인 화이트초콜릿에 부은 뒤 섞는다.

13 민트 리큐어를 넣고 핸드블렌더로 유화시킨 다음 완전히 식힌다.

14 냉장고에서 12시간 이상 숙성시킨다.

15 작은 그릇에 숙성된 가나슈 몽테를 소량 덜어 파란색, 초록색 색소를 넣고 잘 섞은 뒤 원래 그릇에 돌려 넣는다.

16 중속에서 100%로 휘핑한 다음 잘게 다진 다크초콜릿을 섞는다.

몽타주

17 완전히 식은 시폰케이크 시트에 새 유산지를 덮고 뒤집은 다음 붙어 있던 테플론 시트를 제거한다.

18 구움면이 위로 향하게 뒤집은 다음 끝부분은 사선으로, 앞부분은 일자로 재단한다.

19 다크초콜릿을 섞은 민트 가나슈 몽테를 전면에 펴 바른다.

20 앞부분을 살짝 누른 뒤 힘을 빼고 쭉 밀어 동그랗게 만다.

21 끝부분에 자를 대고 유산지를 당겨 단단하게 고정한다.

22 냉장고에 넣고 6시간 이상 숙성시킨 다음 3.5㎝ 너비로 재단한다.

분량	틀	굽기	난이도	소비기한
폭 3.5cm 롤케이크 6개	½ 빵팬(39×29×4.5cm) 1장	데크오븐 윗불 180℃, 아랫불 160℃ 컨벡션오븐 170℃, 15분	★★★★★	냉장 2~3일

딸기 말차 롤케이크

Strawberry Matcha
Roll Cake

INGREDIENTS

말차 시폰케이크
노른자 · 70g
설탕A · 25g
카놀라유 · 50g
물 · 56g
우유 · 32g

박력분 · 70g
베이킹파우더 · 2g
말차가루 · 15g
흰자 · 180g
설탕B · 75g

딸기 콩포트
딸기 · 175g
설탕 · 40g
레몬 즙 · 20g

말차 가나슈 몽테
말차가루 · 10g
생크림 · 350g
화이트초콜릿 · 70g

몽타주
딸기 · 적당량

189

말차 시폰케이크

1 준비한 팬에 테플론 시트를 재단해 깔아 둔다.

2 볼에 노른자와 설탕A를 넣고 가볍게 섞은 다음 중탕물에 올려 35℃까지 덥힌다.

3 카놀라유, 물+우유를 중탕물에 올려 35℃까지 덥힌다.

4 카놀라유 전량, 물+우유 절반을 차례대로 넣으며 고르게 유화시킨다.

5 가루 재료를 체 쳐 넣고 가볍게 섞은 다음 남은 물+우유를 천천히 부으며 고루 섞는다.

6 차갑게 보관한 흰자에 설탕B를 3번에 나눠 넣으며 휘핑해 머랭을 90%까지 올린다.

> **Tip** 말차가루의 유분과 무게감 때문에 머랭을 100%까지 휘핑하면 반죽에 잘 섞이지 않아 오히려 거품이 꺼질 수 있다.

7 5의 반죽에 머랭을 소량 먼저 넣고 섞은 다음 남은 머랭을 2번에 나눠 넣고 섞는다.

8 반죽을 준비한 팬에 팬닝한 뒤 스크레이퍼를 이용해 윗면을 평평하게 정리한다.

9 170℃로 예열된 컨벡션오븐에서 약 15분 동안 굽는다.

10 구워진 시트를 꺼내 옆면에 붙은 테플론 시트를 떼어 낸 다음 식힘망에 옮겨 식힌다.

딸기 콩포트

11 딸기와 설탕을 냄비에 넣고 적당히 으깨며 40℃까지 가열한다.

> **Tip** 딸기 과육이 어느 정도 살아 있도록 조절한다.

12 계속 가열하며 섞다가 점도가 생기면 레몬 즙을 넣고 식힌다.

13 완전히 식으면 짤주머니에 담아 냉장 보관한다.

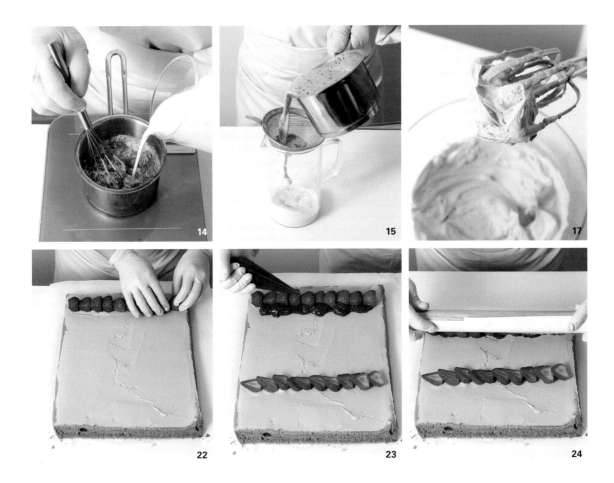

말차 가나슈 몽테

14 냄비에 말차가루를 넣고 생크림을 조금씩 부어 가며 잘 섞은 뒤 45℃까지 가열한다.

15 체에 걸러 45℃로 녹인 화이트초콜릿에 붓고 잘 섞은 다음 핸드블렌더로 유화시킨다.

16 가나슈를 충분히 식힌 뒤 밀착 랩핑해 냉장고에 넣고 12시간 이상 숙성시킨다.

17 숙성된 가나슈를 장식용으로 소량 덜어 둔 뒤 중속에서 100%로 휘핑한다.

18 다시 냉장고에 보관하다가 사용하기 직전 되기를 다시 맞춘다.

몽타주

19 완전히 식은 시폰케이크 시트에 새 유산지를 덮고 뒤집은 다음 붙어 있던 테플론 시트를 제거한다.

20 구움면이 위로 향하게 뒤집은 다음 끝부분은 사선으로, 앞부분은 일자로 재단한다.

21 100% 휘핑한 말차 가나슈 몽테를 전면에 펴 바른다.

22 통딸기와 슬라이스한 딸기를 각각 앞쪽과 중앙에 한 줄씩 늘어 놓는다.

23 통딸기 옆에 딸기 콩포트를 짠다.

24 앞부분을 살짝 누른 뒤 힘을 빼고 쭉 밀어 동그랗게 만다.

25 끝부분에 자를 대고 유산지를 당겨 단단하게 고정한다.

26 냉장고에 넣고 6시간 이상 숙성시킨 다음 3.5cm 너비로 재단한다.

27 장식용 말차 가나슈 몽테를 윗면에 짠 다음 슬라이스한 딸기를 올려 완성한다.

분량	틀	굽기	난이도	소비기한
폭 3.5㎝ 롤케이크 6개	½빵팬(39×29×4.5cm) 1장	데크오븐 윗불 180℃, 아랫불 160℃ 컨벡션오븐 170℃, 15분	★★★★★	냉장 2~3일

쿠키 앤 크림 롤케이크

Cookies & Cream
Roll Cake

INGREDIENTS

초코 쿠키
버터 · 100g
설탕 · 70g
슈거파우더 · 30g
소금 · 2g
달걀 · 70g
박력분 · 150g
코코아파우더 · 55g

쿠키 시폰케이크
노른자 · 72g
설탕A · 20g
소금 · 1g
카놀라유 · 42g
물 · 32g
우유 · 22g
박력분 · 60g
옥수수전분 · 12g
아몬드가루 · 10g
흰자 · 180g
설탕B · 70g
초코 쿠키 · 30g

우유 가나슈
우유 · 20g
생크림 · 80g
젤라틴 · 3g
화이트초콜릿 · 100g
우유 리큐어 · 10g

화이트초콜릿 가나슈 몽테
생크림 · 50g
화이트초콜릿 · 116g
우유 리큐어 · 4g
초코 쿠키 · 50g

1

2

3-1

3-2

4

13

초코 쿠키

1 실온에 둔 버터를 풀어 준 뒤 설탕, 슈거파우더, 소금을 넣고 섞는다.

2 실온에 둔 달걀을 조금씩 넣어 가며 섞은 다음 가루 재료를 체 쳐 넣고 섞는다.

3 손으로 뭉쳐 한 덩이가 되면 밀대를 이용해 0.2㎝로 밀어 펴고 냉장고에 넣어 1시간 동안 휴지시킨다.

4 원하는 쿠키 커터로 찍은 뒤 모양을 낸 반죽과 자투리 모두 170℃ 오븐에 넣어 10~15분 동안 굽는다.

5 자투리 쿠키는 잘게 부순다.

쿠키 시폰케이크

6 준비한 팬에 테플론 시트를 재단해 깔아 둔다.

7 볼에 노른자, 설탕A, 소금을 넣고 가볍게 섞은 다음 중탕물에 올려 35℃까지 덥힌다.

8 카놀라유, 물+우유를 각각 중탕물에 올려 35℃까지 덥힌 다음 2에 차례대로 넣으며 고르게 유화시킨다.

9 가루 재료를 체 쳐 넣고 고루 섞는다.

10 차갑게 보관한 흰자에 설탕B를 3번에 나눠 넣으며 휘핑해 머랭을 100%까지 올린다.

11 9의 반죽에 머랭을 ⅓씩 나눠 넣으며 가볍게 섞는다.

12 잘게 부순 초코 쿠키 30g을 섞는다.

13 반죽을 준비한 팬에 팬닝한 뒤 스크레이퍼를 이용해 윗면을 평평하게 정리한다.

14 170℃로 예열된 컨벡션오븐에서 약 15분 동안 굽는다.

15 구워진 시트를 꺼내 옆면에 붙은 테플론 시트를 떼어 낸 다음 식힘망에 옮겨 식힌다.

우유 가나슈

16 우유와 생크림을 50℃까지 끓인 다음 찬물에 불려 물기를
뺀 젤라틴을 넣고 섞는다.

17 45℃로 녹인 화이트초콜릿에 붓고 잘 섞은 뒤 핸드블렌더로
유화시킨다.

18 우유 리큐어를 넣고 섞은 다음 짤주머니에 담아 하루 동안
냉장 숙성시킨다.

화이트초콜릿 가나슈 몽테

19 냄비에 생크림을 넣고 가열한다.

20 끓어오르면 45℃로 녹인 화이트초콜릿에 붓고 섞은 뒤
핸드블렌더로 마무리한다.

21 우유 리큐어를 넣은 다음 냉장고에 넣어 12시간 이상
숙성시킨다.

22 중속에서 100%로 휘핑한 뒤 잘게 부순 초코 쿠키 50g을
넣고 섞는다.

몽타주

23 완전히 식은 시폰케이크 시트에 새 유산지를 덮고 뒤집은
다음 붙어 있던 테플론 시트를 제거한다.

24 구움면이 위로 향하게 뒤집은 다음 끝부분은 사선으로,
앞부분은 일자로 재단한다.

25 초코 쿠키를 섞은 화이트초콜릿 가나슈 몽테를 전면에 펴
바른다.

26 앞부분을 살짝 누른 뒤 힘을 빼고 쭉 밀어 동그랗게 만든다.

27 끝부분에 자를 대고 유산지를 당겨 단단하게 고정한다.

28 냉장고에 넣고 6시간 이상 숙성시킨 다음 3.5㎝ 너비로
재단한다.

29 쿠키를 올리고 우유 가나슈를 짠다.

30 남은 초코 쿠키를 가루 내 우유 가나슈 위에 뿌려
마무리한다.

분량	틀	굽기	난이도	소비기한
폭 3.5cm 롤케이크 6개	패밀리팬(33.5×26×4.5cm) 1장	데크오븐 윗불 180℃, 아랫불 160℃ 컨벡션오븐 170℃, 15분	★★☆☆☆	냉장 2~3일

인절미 롤케이크

Injeolmi Roll Cake

INGREDIENTS

인절미 시폰케이크
노른자 · 70g
설탕A · 45g
카놀라유 · 50g
물 · 40g
우유 · 12g
박력쌀가루 · 55g
베이킹파우더 · 2g
콩가루 · 15g
옥수수전분 · 28g
아몬드가루 · 10g
흰자 · 150g
설탕B · 48g

인절미 스트로이젤
버터 · 30g
설탕 · 30g
아몬드가루 · 30g
콩가루 · 15g
옥수수전분 · 30g

캐러멜라이즈드 잣
잣 · 50g
설탕 · 20g
물 · 4g
버터 · 3g

인절미 크림
마스카르포네 치즈 · 50g
설탕 · 30g
생크림 · 350g
콩가루 · 45g

197

인절미 시폰케이크

1 준비한 팬에 테플론 시트를 재단해 깔아 둔다.

2 볼에 노른자와 설탕A를 넣고 가볍게 섞은 다음 중탕물에 올려 35℃까지 덥힌다.

3 뽀얀 미색이 될 때까지 휘핑한다.

  Tip 쌀가루는 수분 흡수율이 낮은 재료이기에 노른자에도 공기층을 넣어 액체와 가루 재료들이 잘 섞일 수 있도록 한다.

4 카놀라유, 물+우유를 각각 중탕물에 올려 35℃까지 덥힌 다음 3에 차례대로 넣으며 고르게 유화시킨다.

5 가루 재료를 체 쳐 넣고 고루 섞는다.

6 차갑게 보관한 흰자에 설탕B를 3번에 나눠 넣으며 휘핑해 머랭을 90%까지 올린다.

  Tip 쌀가루는 수분 흡수율이 낮은 재료이기에 머랭을 100%까지 휘핑하면 반죽에 잘 섞이지 않아 오히려 거품이 꺼질 수 있다.

7 5의 반죽에 머랭을 ⅓씩 나눠 넣으며 가볍게 섞는다.

8 반죽을 준비한 팬에 팬닝한 뒤 스크레이퍼를 이용해 윗면을 평평하게 정리한다.

9 170℃로 예열된 컨벡션오븐에서 약 15분 동안 굽는다.

10 구워진 시트를 꺼내 옆면에 붙은 테플론 시트를 떼어 낸 다음 식힘망에 옮겨 식힌다.

인절미 스트로이젤

11 푸드프로세서에 모든 재료를 넣고 섞는다.

12 냉동고에 넣어 1시간 이상 휴지시킨 다음 160℃에서 10분 정도 굽는다.

캐러멜라이즈드 잣

13 160℃ 오븐에 잣을 넣고 8~10분 정도 로스팅한다.

14 설탕과 물을 냄비에 넣고 118~120℃의 시럽을 끓인다.

15 로스팅한 잣을 시럽에 넣고 계속 가열하며 섞어 설탕을 하얗게 결정화시킨다.

16 하얀 설탕이 녹아 캐러멜이 될 때까지 가열하며 섞는다.

17 버터를 넣고 섞은 다음 테플론 시트 위에 펼쳐 식힌다.

인절미 크림

18 마스카르포네 치즈를 부드럽게 푼 뒤 설탕과 생크림을 넣어
섞는다.

19 체 친 콩가루를 넣고 중속에서 80%로 휘핑한 다음
장식용으로 소량 덜어 둔다.

20 남은 크림을 100%로 휘핑해 냉장고에 보관하다가
사용하기 직전 되기를 다시 맞춘다.

몽타주

21 완전히 식은 시폰케이크 시트에 새 유산지를 덮고 뒤집은
다음 붙어 있던 테플론 시트를 제거한다.

22 구움면이 위로 향하게 뒤집은 다음 끝부분은 사선으로,
앞부분은 일자로 재단한다.

23 100% 휘핑한 인절미 크림을 전면에 펴 바른 다음
캐러멜라이즈드 잣을 앞쪽과 중앙에 한 줄씩 늘어 놓는다.

24 앞부분을 살짝 누른 뒤 힘을 빼고 쭉 밀어 동그랗게 만든다.

25 끝부분에 자를 대고 유산지를 당겨 단단하게 고정한다.

26 냉장고에 넣고 6시간 이상 숙성시킨 다음 3.5㎝ 너비로
재단한다.

27 재단한 롤 케이크 위에 장식용 인절미 크림, 인절미
스트로이젤, 캐러멜라이즈드 잣을 올려 장식한다.

분량	틀	굽기	난이도	소비기한
폭 3.5cm 롤케이크 6개	½빵팬(39×29×4.5cm) 1장	데크오븐 윗불 180℃, 아랫불 160℃ 컨벡션오븐 170℃, 15분	★★★★★	냉장 2~3일

초코 바나나 롤케이크

Chocolate Banana Roll Cake

INGREDIENTS

초콜릿 시폰케이크

노른자 · 70g
설탕A · 20g
카놀라유 · 32g
다크초콜릿 · 52g
물 · 50g

다크 럼 · 10g
박력분 · 40g
코코아파우더 · 20g
흰자 · 210g
설탕B · 65g

다크초콜릿 바나나 가나슈 몽테

생크림 · 250g
바나나 퓌레 · 50g
다크초콜릿 · 72g
바나나 리큐어 · 6g

몽타주

아몬드 슬라이스 · 100g
바나나 · 1~2개
밀크초콜릿 · 100g

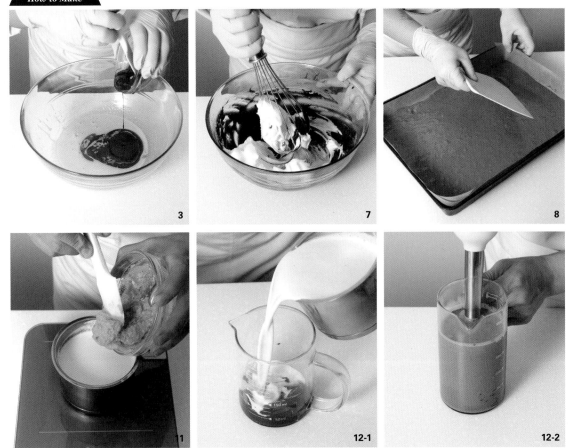

초콜릿 시폰케이크

1 준비한 팬에 테플론 시트를 재단해 깔아 둔다.

2 볼에 노른자와 설탕A를 넣고 가볍게 섞은 다음 중탕물에
올려 35℃까지 덥힌다.

3 카놀라유, 다크초콜릿, 물을 각각 중탕물에 올려 35℃까지
덥힌 다음 2에 차례대로 넣고 고르게 유화시킨다.

4 다크 럼을 넣고 섞어 고르게 유화시킨다.

5 가루 재료를 체 쳐 넣고 섞는다.

6 차갑게 보관한 흰자에 설탕B를 3번에 나눠 넣으며 휘핑해
머랭을 90%까지 올린다.

7 5의 반죽에 머랭을 ⅓씩 나눠 넣으며 가볍게 섞는다.

8 반죽을 준비한 팬에 팬닝한 뒤 스크레이퍼를 이용해 윗면을
평평하게 정리한다.

9 170℃로 예열된 컨벡션오븐에서 약 15분 동안 굽는다.

10 구워진 시트를 꺼내 옆면에 붙은 테플론 시트를 떼어 낸
다음 식힘망에 옮겨 식힌다.

다크초콜릿 바나나 가나슈 몽테

11 냄비에 생크림과 바나나 퓌레를 넣고 가열한다.
　Tip 바나나 퓌레가 탈 수 있으니 잘 젓는다.

12 끓어오르면 45℃로 녹인 다크초콜릿에 붓고 잘 섞은 다음
핸드블렌더로 유화시킨다.

19-1

19-2

20

21

22

13 바나나 리큐어를 넣고 충분히 식힌 다음 냉장고에서
12시간 이상 숙성시킨다.

14 장식용으로 소량 덜어둔 뒤 남은 크림은 중속에서 100%로
휘핑한다.

15 냉장고에 보관하다가 사용하기 직전 되기를 다시 맞춘다.

몽타주

16 160℃ 오븐에 아몬드 슬라이스를 넣고 8~10분 정도
로스팅한다.

17 완전히 식은 시폰케이크 시트에 새 유산지를 덮고 뒤집은
다음 붙어 있던 테플론 시트를 제거한다.

18 구움면이 위로 향하게 뒤집은 다음 끝부분은 사선으로,
앞부분은 일자로 재단한다.

19 껍질을 벗긴 바나나에 완전히 녹인 밀크초콜릿을 붓고
로스팅한 아몬드 슬라이스를 묻힌다.

20 100% 휘핑한 다크초콜릿 바나나 가나슈 몽테를 시트
전면에 펴 바른다.

21 앞부분에 19의 바나나와 남은 아몬드 슬라이스를 일렬로
늘어 놓는다.

22 다시 한 번 녹인 밀크초콜릿을 붓는다.

23 앞부분을 살짝 누른 뒤 힘을 빼고 쭉 밀어 동그랗게 만다.

24 끝부분에 자를 대고 유산지를 당겨 단단하게 고정한다.

25 냉장고에 넣고 6시간 이상 숙성시킨 다음 3.5㎝ 너비로
재단한다.

26 장식용 다크초콜릿 바나나 가나슈 몽테를 윗면에 짜
마무리한다.

KOUN KOUNN
Cake Atelier & Cake Shop

분량	틀	굽기	난이도	소비기한
폭 3.5cm 롤케이크 6개	패밀리팬(33.5×26×4.5cm) 1장	데크오븐 윗불 180℃, 아랫불 160℃ 컨벡션오븐 170℃, 15분	★★★☆☆	냉장 2~3일

밤 호지차 롤케이크

Chestnut Hojicha Roll Cake

INGREDIENTS

호지차 시폰케이크
호지차 찻잎 · 4g
우유 · 70g
노른자 · 72g
설탕A · 20g
카놀라유 · 42g
박력분 · 60g
옥수수전분 · 15g
흰자 · 165g
설탕B · 65g

블루베리 쿨리
블루베리 퓌레 · 50g
설탕 · 20g
젤라틴 · 1g
블루베리 리큐어 · 3g

밤 조림
밤 · 100g
설탕 · 100g
물 · 200g

밤 페이스트
밤 · 100g
우유 · 30g
물 · 30g
생크림 · 30g
마스코바도 설탕 · 70g
소금 · 1g

호지차 가나슈
생크림 · 100g
호지차 찻잎 · 6g
화이트초콜릿 · 85g

호지차 가나슈 몽테
생크림 · 350g
호지차 찻잎 · 12g
화이트초콜릿 · 88g
호지차 티백 · 2개

몽타주
카카오닙스 · 적당량
금박 · 적당량

2-1

2-2

7

9

13

14

호지차 시폰케이크

1 준비한 팬에 테플론 시트를 재단해 깔아 둔다.

2 호지차 찻잎과 우유를 냄비에 넣고 가열해 끓어오르면 불을 끄고 깨끗한 면포나 행주를 덮어 5분 정도 우린다.

3 체에 거른 다음 65g을 계량하고 만약 모자라면 우유를 첨가한다.

4 볼에 노른자와 설탕A를 넣고 가볍게 섞은 다음 중탕물에 올려 35℃까지 덥힌다.

5 카놀라유를 중탕물에 올려 35℃까지 덥힌다.

6 카놀라유 전량과 3의 호지차 우유 절반을 차례대로 넣으며 고르게 유화시킨다.

7 가루 재료를 체 쳐 넣고 가볍게 섞은 다음 남은 호지차 우유를 천천히 부으며 고루 섞는다.

8 차갑게 보관한 흰자에 설탕B를 3번에 나눠 넣으며 휘핑해 머랭을 90%까지 올린다.

9 7의 반죽에 머랭을 3번에 나눠 넣고 가볍게 섞는다.

10 반죽을 준비한 팬에 팬닝한 뒤 스크레이퍼를 이용해 윗면을 평평하게 정리한다.

11 170℃로 예열된 컨벡션오븐에서 약 15분 동안 굽는다.

12 구워진 시트를 꺼내 옆면에 붙은 테플론 시트를 떼어 낸 다음 식힘망에 옮겨 식힌다.

블루베리 쿨리

13 냄비에 블루베리 퓌레와 설탕을 넣고 50℃까지 끓인 뒤 찬물에 불려 물기를 뺀 젤라틴을 넣고 섞는다.

14 완전히 식으면 블루베리 리큐어를 넣고 섞어 냉장 보관한다.

밤 조림

15 밤을 찌고 껍질을 완전히 벗긴다.

　⊞ 껍질에 칼집을 내서 찐 다음 찬물에 담가 두면 껍질을
손쉽게 벗길 수 있다.

16 냄비에 설탕과 물을 넣고 가열해 설탕이 녹으면 껍질 벗긴
밤을 넣는다.

17 설탕물이 반 정도로 줄어들 때까지 졸인다.

18 하룻밤 숙성시켜 냉장 보관한다.

밤 페이스트

19 밤을 찌고 껍질을 완전히 벗긴다.

20 껍질 벗긴 밤, 우유, 물, 생크림을 핸드블렌더로 간다.

21 냄비에 옮겨 담은 뒤 마스코바도 설탕을 넣고 걸쭉하게
점성이 생길 때까지 끓인다.

22 소금을 넣어 간을 하고 체에 내린다.

27

29

30-1

30-2

호지차 가나슈

23 생크림을 80℃까지 끓인 다음 호지차 찻잎을 넣고 깨끗한
면포나 행주를 덮어 20분 동안 우린다.

24 우린 생크림을 다시 한 번 가열한다.

25 체에 걸러 45℃로 녹인 화이트초콜릿에 붓고 잘 섞는다.

26 핸드블렌더로 유화시킨 다음 짤주머니에 담아 냉장고에
넣고 12시간 이상 숙성시킨다.

호지차 가나슈 몽테

27 생크림을 80℃까지 끓인 다음 호지차 찻잎을 넣고 깨끗한
면포나 행주를 덮어 20분 동안 우린다.

28 우린 생크림을 다시 한 번 가열한다.

29 체에 걸러 45℃로 녹인 화이트초콜릿에 붓고 잘 섞는다.

30 핸드블렌더로 유화시킨 다음 호지차 티백을 넣는다.

31 냉장고에서 12시간 이상 숙성시킨 뒤 티백을 제거하고
중속에서 100%로 휘핑한다.

32 냉장고에 보관하다가 사용하기 직전 되기를 다시 맞춘다.

36

41

42

43-1

43-2

몽타주

33 완전히 식은 시폰케이크 시트에 새 유산지를 덮고 뒤집은
　　다음 붙어 있던 테플론 시트를 제거한다.

34 구움면이 위로 향하게 뒤집은 다음 끝부분은 사선으로,
　　앞부분은 일자로 재단한다.

35 호지차 가나슈 몽테 ⅔ 만큼을 전면에 펴 바른 뒤 밤조림을
　　적당히 부수어 흩뿌린다.

36 호지차 가나슈를 앞쪽과 중앙에 짠다.

37 앞부분을 살짝 누른 뒤 힘을 빼고 쭉 밀어 동그랗게 만다.

38 끝부분에 자를 대고 유산지를 당겨 단단하게 고정한다.

39 냉장고에 넣고 6시간 이상 숙성시킨 다음 3.5㎝ 너비로
　　재단한다.

40 돌림판 위에 재단한 롤케이크를 한 조각 눕혀 올린 뒤 밤
　　조림 하나를 놓는다.

41 남은 호지차 가나슈 몽테를 짤주머니에 담아 밤 조림을
　　감싸듯이 짠다.

42 블루베리 쿨리를 밤 조림 위에 부은 다음 카카오닙스를
　　올리고 다시 호지차 가나슈 몽테로 덮듯이 짠다.

43 스패튤러로 모양을 다듬은 뒤 가나슈 몽테 위에
　　밤 페이스트를 감싸듯 짠다.

44 카카오닙스와 금박을 올려 마무리한다.

분량	틀	굽기	난이도	소비기한
폭 3.5cm 롤케이크 6개	½빵팬(39×29×4.5cm) 1장	데크오븐 윗불 180℃, 아랫불 160℃ 컨벡션오븐 170℃, 15분	★★★☆☆	냉장 2~3일

피스타치오 체리 롤케이크

Pistachio Cherry Roll Cake

───── INGREDIENTS ─────

피스타치오 시폰케이크
노른자 · 70g
설탕A · 25g
카놀라유 · 35g
물 · 40g
우유 · 16g
피스타치오 페이스트 · 80g
박력분 · 70g
베이킹파우더 · 2g
흰자 · 160g
설탕B · 65g

체리 콩포트
설탕 · 55g
옥수수전분 · 5g
체리 · 120g
레몬 즙 · 10g

**피스타치오
마스카르포네 크림**
마스카르포네 치즈 · 40g
생크림 · 200g
설탕 · 35g
피스타치오 페이스트 · 50g

체리 크림
마스카르포네 치즈 · 60g
생크림 · 250g
설탕 · 25g
키르슈 · 2g
체리 콩포트 · 75g

몽타주
체리 · 26개
피스타치오 사블라주 · 적당량

5

14-1

6

8

14-2

피스타치오 시폰케이크

1 준비한 팬에 테플론 시트를 재단해 깔아 둔다.

2 볼에 노른자와 설탕A를 넣고 가볍게 섞은 다음 중탕물에 올려 35℃까지 덥힌다.

3 뽀얀 미색이 될 때까지 휘핑한다.

4 카놀라유, 물+우유를 각각 중탕물에 올려 35℃까지 덥힌 다음 3에 차례대로 넣으며 고르게 유화시킨다.

5 피스타치오 페이스트를 넣고 잘 섞는다.

6 가루 재료를 체 쳐 넣고 고루 섞는다.

7 차갑게 보관한 흰자에 설탕B를 3번에 나눠 넣으며 휘핑해 머랭을 100%까지 올린다.

8 6의 반죽에 머랭을 ⅓씩 나눠 넣으며 가볍게 섞는다.

9 반죽을 준비한 팬에 팬닝한 뒤 스크레이퍼를 이용해 윗면을 평평하게 정리한다.

10 170℃로 예열된 컨벡션오븐에서 약 15분 동안 굽는다.

11 구워진 시트를 꺼내 옆면에 붙은 테플론 시트를 떼어 낸 다음 식힘망에 옮겨 식힌다.

체리 콩포트

12 설탕과 옥수수전분을 섞는다.

　Tip 옥수수전분을 단독으로 사용할 경우 덩어리질 수 있으므로 반드시 설탕과 섞어서 사용한다.

13 냄비에 체리를 넣고 40℃까지 데운 다음 12를 넣고 계속 섞으며 가열한다.

　Tip 너무 낮은 온도에 설탕과 옥수수전분을 넣으면 덩어리 질 수 있다.

14 점도가 생기면 레몬 즙을 넣고 식힌 다음 짤주머니에 담아 냉장 보관한다.

16

17

20

21

24

25

피스타치오 마스카르포네 크림

15 부드럽게 푼 마스카르포네 치즈에 생크림과 설탕을 넣고
휘핑한다.

16 요거트 정도의 점성이 생기면 피스타치오 페이스트와
묽기를 맞춰 가며 조금씩 혼합한다.

17 충분히 식혀 밀착 랩핑하고 냉장고에서 보관한 다음
중속에서 100%로 휘핑한다.

18 냉장고에 보관하다가 사용하기 직전 되기를 다시 맞춘다.

체리 크림

19 부드럽게 푼 마스카르포네 치즈에 생크림, 설탕, 키르슈를
넣고 80%까지 휘핑한다.

20 체리 콩포트를 넣고 섞은 다음 장식용으로 소량 덜어 둔다.

21 남은 크림은 중속에서 100%로 휘핑한 다음 냉장고에
보관하다가 사용하기 직전 되기를 다시 맞춘다.

몽타주

22 완전히 식은 시폰케이크 시트에 새 유산지를 덮고 뒤집은
다음 붙어 있던 테플론 시트를 제거한다.

23 구움면이 위로 향하게 뒤집은 다음 끝부분은 사선으로,
앞부분은 일자로 재단한다.

24 피스타치오 마스카르포네 크림과 체리 크림을 차례대로
전면에 펴 바른다.

25 생체리를 반으로 잘라 앞쪽과 중앙에 한 줄씩 늘어 놓은
다음 체리 콩포트를 짠다.

26 앞부분을 살짝 누른 뒤 힘을 빼고 쭉 밀어 동그랗게 만든다.

27 끝부분에 자를 대고 유산지를 당겨 단단하게 고정한다.

28 냉장고에 넣고 6시간 이상 숙성시킨 다음 3.5㎝ 너비로
재단한다.

29 재단한 롤케이크를 눕힌 뒤 체리 크림을 짠다.

30 체리와 피스타치오 사블라주(분량 외)를 올려 완성한다.

> Tip 피스타치오 사블라주는 p.104의 호두 사블라주를 참고해
> 만든다. 흑설탕 대신 백설탕을 사용하면 된다.

분량	틀	굽기	난이도	소비기한
폭 3.5cm 롤케이크 6개	½ 빵팬(39×29×4.5cm) 1장	데크오븐 윗불 180℃, 아랫불 160℃ 컨벡션오븐 170℃, 15분	★★★★☆	냉장 2~3일

유자 캐러멜 롤케이크

Yuja Caramel Roll Cake

INGREDIENTS

유자 캐러멜
설탕 · 200g
소금 · 0.5g
물 · 30g
생크림 · 120g
유자 즙 · 20g
연유 · 40g

캐러멜 시폰케이크
노른자 · 70g
설탕A · 15g
카놀라유 · 35g
물 · 50g
유자 캐러멜 · 90g
박력분 · 80g
흰자 · 152g
설탕B · 65g

유자 캐러멜 크림
생크림 · 150g
유자 캐러멜 · 45g
설탕 · 15g

현미 퍼핑
볶은 현미 · 40g
밀크초콜릿 · 20g
블론드초콜릿 · 20g

유자 캐러멜

1 설탕, 소금, 물을 냄비에 넣고 끓여 캐러멜화시킨다.
동시에 다른 냄비에 생크림, 유자 즙, 연유를 넣고 끓인다.
Tip▶ 설탕이 하얗게 재결정화될 수 있으므로 젓거나 충격을
가하지 않는다.
Tip▶ 생크림과 캐러멜의 온도차가 심하면 설탕이 결정화될 수
있다.

2 캐러멜이 완성되면 냄비를 불에서 내리고 데운 생크림을
조금씩 부으며 잘 섞는다.
Tip▶ 생크림을 넣으면 내용물이 튈 수 있으니 화상에
주의한다.

3 캐러멜 시폰케이크용 90g과 유자 캐러멜 크림용 45g을
계량한 뒤 남은 캐러멜은 짤주머니에 담아 냉장 보관한다.

캐러멜 시폰케이크

4 준비한 팬에 테플론 시트를 재단해 깔아 둔다.

5 볼에 노른자와 설탕A를 넣고 가볍게 섞은 다음 중탕물에
올려 35℃까지 덥힌다.

6 뽀얀 미색이 될 때까지 휘핑한다.

7 카놀라유, 물을 각각 중탕물에 올려 35℃까지 덥힌 다음
6에 차례대로 넣으며 고르게 유화시킨다.

8 유자 캐러멜을 넣고 섞는다.

9 박력분을 체 쳐 넣고 고루 섞는다.

10 차갑게 보관한 흰자에 설탕B를 3번에 나눠 넣으며 휘핑해
머랭을 90%까지 올린다.

11 9의 반죽에 머랭을 ⅓씩 나눠 넣으며 가볍게 섞는다.
Tip▶ 캐러멜이 들어간 무거운 반죽이므로 머랭은 90%만
올려서 조심스럽게 섞는다.

12 반죽을 준비한 팬에 팬닝한 뒤 스크레이퍼를 이용해 윗면을
평평하게 정리한다.

13 170℃로 예열된 컨벡션오븐에서 약 15분 동안 굽는다.

14 구워진 시트를 꺼내 옆면에 붙은 테플론 시트를 떼어 낸
다음 식힘망에 옮겨 식힌다.

20

23-1

27-2

23-2

27-1

유자 캐러멜 크림

15 생크림에 실온의 유자 캐러멜을 넣고 잘 섞는다.

16 냉장고에 넣고 3시간 이상 차갑게 식힌다.

17 설탕을 넣고 중속에서 100%로 휘핑해 냉장고에
　　보관하다가 사용하기 직전 되기를 다시 맞춘다.

현미 퍼핑

18 볶은 현미 질빈을 녹인 밀크초콜릿에 넣고 섞는다.

19 남은 볶은 현미를 녹인 블론드초콜릿에 섞는다.

20 두 종류의 현미 퍼핑을 트레이에 펼쳐 냉동고에서 굳힌다.

몽타주

21 완전히 식은 시폰케이크 시트에 새 유산지를 덮고 뒤집은
　　다음 붙어 있던 테플론 시트를 제거한다.

22 구움면이 위로 향하게 뒤집은 다음 끝부분은 사선으로,
　　앞부분은 일자로 재단한다.

23 유자 캐러멜 생크림을 전면에 펴 바른다.

24 앞부분을 살짝 누른 뒤 힘을 빼고 쭉 밀어 동그랗게 만다.

25 끝부분에 자를 대고 유산지를 당겨 단단하게 고정한다.

26 냉장고에 넣고 6시간 이상 숙성시킨 다음 3.5㎝ 너비로
　　재단한다.

27 돌림판 위에 재단한 롤케이크를 한 조각 눕혀 올린 뒤
　　윗면에 짤주머니에 담은 유자 캐러멜을 짠다.

28 두 종류의 현미 퍼핑을 각각 올려 마무리한다.

KOUN KOUNN

Cake Atelier & Cake Shop

분량	틀	굽기	난이도	소비기한
폭 3.5㎝ 롤케이크 6개	½ 빵팬(39×29×4.5㎝) 1장	데크오븐 윗불 180℃, 아랫불 160℃ 컨벡션오븐 170℃, 15분	★★★★★	냉장 2~3일

헤이즐넛 잔두야 롤케이크

Hazelnut Gianduja Roll Cake

— INGREDIENTS —

헤이즐넛 프랄리네
헤이즐넛 · 100g
설탕 · 85g
물 · 18g

헤이즐넛 시폰케이크
노른자 · 70g
설탕A · 20g
소금 · 1g
카놀라유 · 30g
물 · 30g
우유 · 20g
헤이즐넛 프랄리네 · 20g
박력분 · 50g
헤이즐넛가루 · 10g
옥수수전분 · 5g
흰자 · 150g
설탕B · 60g

잔두야 가나슈 몽테
밀크초콜릿 · 30g
다크초콜릿 · 30g
생크림 · 200g
물엿 · 9g

잔두야 가나슈
밀크초콜릿 · 100g
다크초콜릿 · 100g
생크림 · 240g
헤이즐넛 분태 · 50g

프랄리네 크림
생크림 · 125g
설탕 · 15g
헤이즐넛 프랄리네 · 25g

몽타주
바나나 · 1~2개

헤이즐넛 프랄리네

1 160℃ 오븐에 헤이즐넛을 넣고 8~10분 정도 로스팅한다.

2 설탕과 물을 냄비에 넣고 118~120℃의 시럽을 끓인다.

3 로스팅한 헤이즐넛을 시럽에 넣고 계속 가열하며 섞어
  설탕을 하얗게 결정화시킨다.

4 하얀 설탕이 녹아 캐러멜이 될 때까지 가열하며 섞은 뒤
  테플론 시트에 펼쳐 식힌다.

  Tip 캐러멜 코팅된 헤이즐넛을 장식용으로 6알 남겨 둔다.

5 충분히 식으면 분쇄기에 넣고 곱게 갈아 시폰케이크용 20g
  과 프랄리네 크림용 25g을 각각 계량한다.

헤이즐넛 시폰케이크

6 준비한 팬에 테플론 시트를 재단해 깔아 둔다.

7 볼에 노른자, 설탕A, 소금을 넣고 가볍게 섞은 다음 중탕물에 올려 35℃까지 덥힌다.

8 카놀라유, 물+우유를 각각 중탕물에 올려 35℃까지 덥힌다.

9 데운 카놀라유를 7에 넣고 잘 유화시킨 다음 헤이즐넛 프랄리네를 넣고 섞는다.

10 데운 물+우유를 차례대로 넣으며 고르게 유화시킨다.

11 가루 재료를 체 쳐 넣고 고루 섞는다.

12 차갑게 보관한 흰자에 설탕B를 3번에 나눠 넣으며 휘핑해 머랭을 100%까지 올린다.

13 11의 반죽에 머랭을 ⅓씩 나눠 넣으며 가볍게 섞는다.

14 반죽을 준비한 팬에 팬닝한 뒤 스크레이퍼를 이용해 윗면을 평평하게 정리한다.

15 170℃로 예열된 컨벡션오븐에서 약 15분 동안 굽는다.

16 구워진 시트를 꺼내 옆면에 붙은 테플론 시트를 떼어 낸 다음 식힘망에 옮겨 식힌다.

18-1

18-2

20

25-1

25-2

25-3

잔두야 가나슈 몽테

17 두 가지 초콜릿을 섞어 미리 45℃로 녹여 둔다.

18 냄비에 생크림과 물엿을 넣고 45℃까지 가열해 녹인
초콜릿에 붓고 잘 섞는다.

19 핸드블렌더로 유화시킨 뒤 밀착 랩핑해 12시간 동안
냉장고에서 숙성시킨다.

20 장식용으로 소량 덜어 두고 중속에서 100%로 휘핑해
냉장고에 보관하다가 사용하기 직전 되기를 다시 맞춘다.

잔두야 가나슈

21 두 가지 초콜릿을 섞어 미리 녹여 둔다.

22 냄비에 생크림을 넣고 45℃까지 가열해 녹인 초콜릿에
붓고 잘 섞는다.

23 핸드블렌더로 유화시킨 뒤 헤이즐넛 분태를 넣고 섞는다.
Tip▶ 헤이즐넛 분태는 헤이즐넛을 로스팅한 뒤 분쇄하여
사용한다.

프랄리네 크림

24 생크림에 설탕을 넣고 70%까지 휘핑한다.

25 헤이즐넛 프랄리네에 휘핑한 생크림을 조금씩 넣어 가며
섞은 다음 중속에서 100%로 휘핑한다.

26 냉장고에 보관하다가 사용하기 직전 되기를 다시 맞춘다.

29-1

29-2

30

32

34

몽타주

27 완전히 식은 시폰케이크 시트에 새 유산지를 덮고 뒤집은
다음 붙어 있던 테플론 시트를 제거한다.

28 구움면이 위로 향하게 뒤집은 다음 끝부분은 사선으로,
앞부분은 일자로 재단한다.

29 잔두야 가나슈 몽테와 프랄리네 크림을 차례대로 전면에 펴
바른다.

30 바나나를 앞쪽에 통으로 올린다.

31 앞부분을 살짝 누른 뒤 힘을 빼고 쭉 밀어 동그랗게 만다.

32 끝부분에 자를 대고 유산지를 당겨 단단하게 고정한다.

33 냉장고에 넣고 6시간 이상 숙성시킨 다음 3.5㎝ 너비로
재단한다.

34 식힘망 위에 재단한 롤 케이크를 눕히고 25℃로 데운
잔두야 가나슈를 붓는다.

　Tip 겨울철에는 주변 온도가 낮기에 조금 더 온도를 올려
사용하는 등 환경에 따라 사용 온도를 조절한다.

35 윗면에 장식용 잔두야 가나슈 몽테를 짜고 캐러멜 코팅된
헤이즐넛을 올려 완성한다.

Chiffon Salé

KOUN KOUNN
CHIFFON SALÉ

4

─── 시폰 살레 ───

살레는 원래 '짭잘한'이란 뜻으로 단맛이 거의 없는 반죽으로 만든 제품이나 짭짤한 부재료를 사용한 과자에 흔히 쓰이는 용어이다.
시폰 살레 역시 시폰케이크를 살레 버전으로 만든 것으로, 설탕이 일반 반죽에 비해 적게 들어가 머랭이 무르기 때문에
이를 보완하기 위한 가루 재료가 많은 것이 특징이다. 이 챕터에서는 식사 대용으로 먹을 수 있는 5가지 제품을 소개한다.

분량
산도 10개

틀
지름 18㎝ 시폰틀 2호 1개

굽기
데크오븐 윗불 180℃, 아랫불 160℃
컨벡션오븐 170℃, 25~30분

난이도
★ ★ ★ ★ ★

소비기한
냉장
2~3일

에그 마요

Egg Mayonnaise

─────── INGREDIENTS ───────

기본 시폰케이크
노른자 · 70g
설탕A · 22g
소금 · 3g
카놀라유 · 65g
물 · 55g
우유 · 22g
박력분 · 90g
베이킹파우더 · 2g
흰자 · 160g
설탕B · 35g

에그 마요
달걀 · 10개
다진 양파 · 50g
마요네즈 · 100g
허니머스터드 소스 · 30g
소금, 후추 · 적당량

딸기잼
딸기 · 200g
설탕 · 150g
펙틴 · 0.1g
레몬 즙 · 15g

몽타주
로메인 · 적당량
슬라이스 햄 · 2장
파슬리 · 적당량

기본 시폰케이크

1 볼에 노른자, 설탕A, 소금을 넣고 가볍게 섞은 다음 중탕물에 올려 35℃까지 덥힌다.

2 카놀라유, 물+우유를 각각 중탕물에 올려 35℃까지 덥힌 다음 1에 차례대로 넣으며 고르게 유화시킨다.

3 가루 재료를 체 쳐 넣고 고루 섞는다.

4 차갑게 보관한 흰자에 설탕B를 한 번에 넣고 머랭을 100%까지 올린다.

5 3의 반죽에 머랭을 ⅓씩 나눠 넣으며 가볍게 섞는다.

6 준비한 틀에 팬닝한 다음 170℃로 예열된 컨벡션오븐에서 25~30분 동안 굽는다.

7 구워지자마자 뒤집어 완전히 식힌다.

Tip 살레 제품은 머랭의 설탕량이 일반 슈크레 제품보다 적기 때문에 완성된 머랭이 비교적 무르다. 때문에 설탕은 처음부터 전량을 넣고 작업하는 것이 좋으며 가루 재료 비중을 늘려 구조를 잡아야 한다.

에그 마요

8 달걀을 완숙으로 삶은 다음 껍질을 벗겨 으깬다.

9 다진 양파, 마요네즈, 허니머스터드 소스, 소금과 후추를 넣고 잘 섞는다.

Tip 달걀을 삶은 정도에 따라 마요네즈양을 조절해 전체적인 농도를 맞춘다.

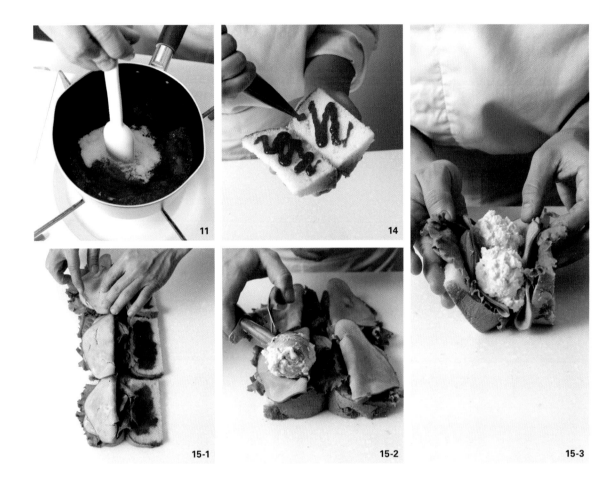

11

14

15-1

15-2

15-3

딸기잼

10 딸기를 냄비에 넣고 적당히 으깨면서 40℃ 이상으로 끓인다.

11 설탕과 펙틴을 함께 섞어 10에 넣고 걸쭉해질 때까지 끓인다.

> **Tip** 펙틴은 차가우면 응고되기 때문에 반드시 딸기를 40℃ 이상 가열한 다음에 넣는다.

12 레몬 즙을 넣고 핸드블렌더로 갈아 마무리한다.

> **Tip** 레몬 즙은 시판용보다 착즙한 것이 향이 좋으며 마지막에 넣어 향이 날아가지 않도록 한다.

몽타주

13 완전히 식은 시폰케이크를 틀에서 분리한 뒤 케이크분할기를 사용해 10조각으로 나눈다.

14 가운데 길게 칼집을 넣고 벌어진 공간에 딸기잼을 적당량 바른다.

15 로메인 1장, 슬라이스 햄 2장, 에그 마요 두 스쿱을 넣는다.

16 파슬리를 조금 뿌려 마무리한다.

분량
산도 10개

틀
지름 18㎝ 시폰틀 2호 1개

굽기
데크오븐 윗불 180℃, 아랫불 160℃
컨벡션오븐 170℃, 25~30분

난이도
★ ★ ★ ★ ★

소비기한
냉장
2~3일

콘 치즈
Corn Cheese

INGREDIENTS

옥수수 시폰케이크
노른자 · 70g
설탕A · 15g
소금 · 4g
카놀라유 · 80g
물 · 52g
우유 · 22g
박력분 · 70g

강력분 · 10g
베이킹파우더 · 2g
옥수수가루 · 25g
흰자 · 180g
설탕B · 35g
베이컨 · 20g
파프리카 · 20g

콘 치즈
가염 버터 · 60g
옥수수 알갱이 · 500g
마요네즈 · 100g 이상
소금 · 적당량

몽타주
피자 치즈 · 적당량
파슬리 · 적당량

옥수수 시폰케이크

1 볼에 노른자, 설탕A, 소금을 넣고 가볍게 섞은 다음
   중탕물에 올려 35℃까지 덥힌다.

2 카놀라유, 물+우유를 각각 중탕물에 올려 35℃까지 덥힌
   다음 1에 차례대로 넣으며 고르게 유화시킨다.

3 가루 재료를 체 쳐 넣고 고루 섞는다.

4 차갑게 보관한 흰자에 설탕B를 한 번에 넣고 머랭을
   100%까지 올린다.

5 3의 반죽에 머랭을 ⅓씩 나눠 넣으며 가볍게 섞는다.

6 잘게 다진 베이컨과 파프리카를 섞는다.

7 준비한 틀에 팬닝한 다음 170℃로 예열된 컨벡션오븐에서
   25~30분 동안 굽는다.

8 구워지자마자 뒤집어 완전히 식힌다.

콘 치즈

9 적당히 달군 팬에 버터를 넣고 약불에서 천천히 녹인다.

10 옥수수 알갱이를 넣고 익힌다.

11 옥수수가 익으면 마요네즈와 소금을 넣고 섞으며 끓인다.

　Tip 입맛에 맞게 소금간을 한다.

몽타주

12 완전히 식은 시폰케이크를 틀에서 분리한 뒤 케이크분할기를 사용해 10조각으로 나눈다.

13 가운데 길게 칼집을 넣고 뜨거운 상태의 콘 치즈를 넣은 뒤 피자 치즈를 올린다.

14 160℃ 오븐에서 5~10분 정도 데우듯 굽고 파슬리를 올려 마무리한다.

분량
산도 12개

———

틀
½빵팬(39×29×4.5cm) 2장,
33×26㎝ 베이킹팬 1장

———

굽기
데크오븐 윗불 180℃, 아랫불 160℃
컨벡션오븐 170℃, 15분

———

난이도
★★★★★

———

소비기한
냉장
2~3일

타마고

Tamago

INGREDIENTS

기본 시폰케이크
노른자 · 140g
설탕A · 36g
소금 · 8g
카놀라유 · 160g
물 · 160g
우유 · 70g
박력분 · 150g
베이킹파우더 · 4g
흰자 · 370g
설탕B · 36g

와사비 마요네즈
마요네즈 · 100g
고추냉이 · 20g
소금 · 2g
사과 식초 · 10g
꿀 · 15g

달걀찜
청주 · 225g
미림 · 225g
설탕 · 225g
소금 · 7g
물 · 112g
국간장 · 37g
생크림 · 300g
우유 · 112g
달걀 · 24개 (1,320g)

몽타주
파슬리 · 적당량

기본 시폰케이크

1 준비한 ½빵팬 두 장에 테플론 시트를 각각 깔아 준비한다.

2 볼에 노른자, 설탕A, 소금을 넣고 가볍게 섞은 다음 중탕물에 올려 35℃까지 덥힌다.

3 카놀라유, 물+우유를 각각 중탕물에 올려 35℃까지 덥힌 다음 2에 차례대로 넣으며 고르게 유화시킨다.

4 가루 재료를 체 쳐 넣고 고루 섞는다.

5 차갑게 보관한 흰자에 설탕B를 한번에 나눠 넣고 휘핑해 머랭을 100%까지 올린다.

> **Tip** 다른 살레 제품에 비해 가루 재료량이 적은 편이나 ½빵팬에 굽기 때문에 구조를 안정적으로 잡을 수 있다.

6 4의 반죽에 머랭을 ⅓씩 나눠 넣으며 가볍게 섞는다.

7 반죽을 준비한 두 장의 팬에 팬닝한 뒤 스크레이퍼를 이용해 윗면을 평평하게 정리한다.

8 170℃로 예열된 컨벡션오븐에서 약 15분 동안 굽는다.

9 구워진 시트를 꺼내 옆면에 붙은 테플론 시트를 떼어 낸 다음 식힘망에 옮겨 식힌다.

와사비 마요네즈

10 모든 재료를 섞어 체에 거른다.

> **Tip** 사용하는 고추냉이에 따라 와사비 마요네즈의 색이 다를 수 있다.

> **Tip** 고추냉이는 기호에 맞게 양을 조절한다.

15

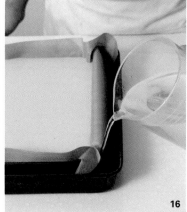

16

19

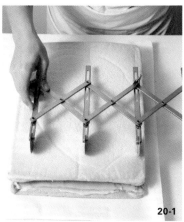

20-1

20-2

20-3

달걀찜

11 33×26㎝ 베이킹팬 1장에 테플론 시트를 깐 다음 ½빵팬
1장을 따로 준비해 겹쳐 놓는다.

12 청주, 미림, 설탕, 소금, 물, 국간장을 냄비에 계량해 넣고
끓인 다음 토치로 불을 붙여 3분간 알코올을 날린다.

13 12를 생크림과 우유가 담긴 볼에 부은 뒤 960g을
계량한다.
> Tip 양이 부족하다면 생크림이나 우유를 더한다.

14 큰 볼에 달걀을 풀고 13을 부은 뒤 핸드블렌더로 잘 섞어
체에 거른다.

15 11의 팬에 팬닝하고 토치로 윗면을 가열해 기포를
정리한다.

16 베이킹팬과 ½빵팬 사이에 뜨거운 물을 붓고 140℃의
오븐에 넣어 30분간 중탕으로 찐다.
> Tip 겉면을 살짝 눌러 익은 정도를 확인한 뒤 찌는 시간을
조절한다.

몽타주

17 완전히 식은 시폰케이크 시트에 새 유산지를 덮고 뒤집은
다음 붙어 있던 테플론 시트를 제거한다.

18 두 장의 시트를 구움면이 위로 향하게 놓고 와사비
마요네즈를 반씩 나누어 바른다.

19 한 쪽 시트에 달걀찜을 올린 다음 남은 시트를 뒤집어
덮는다.

20 9.5×5.5㎝로 재단해 12개로 나눈다.
> Tip 크게 잘린 달걀찜은 시트의 남는 공간에 다시 넣어 모두
사용하도록 한다.

21 달걀에 파슬리를 뿌려 완성한다.

분량
미니 산도 12개

틀
지름 10㎝ 미니 시폰틀 2개

굽기
데크오븐 윗불 180℃, 아랫불 160℃
컨벡션오븐 170℃, 13분

난이도
★★ ★ ★ ★

소비기한
냉장
2~3일

트러플 머쉬룸

Triple
Mushroom

── INGREDIENTS ──

버섯 뒥셀
양송이버섯+만가닥버섯 · 65g
버터 · 7g
다진 양파 · 14g
소금, 후추 · 적당량

반죽용 버섯 소테
만가닥버섯 · 25g
올리브유 · 적당량
(혹은 식용유)
소금, 후추 · 적당량

머쉬룸 시폰케이크
노른자 · 36g
설탕A · 7g
소금 · 1g
올리브유 · 42g
버섯 뒥셀 · 6g
물 · 33g
우유 · 12g
박력분 · 49g
베이킹파우더 · 1g
흰자 · 96g
설탕B · 13g
반죽용 버섯 소테 · 25g

필링용 버섯 소테
양송이버섯 · 60g
만가닥버섯 · 80g
양파 · 90g
마늘 · 30g
올리브유 · 적당량
버터 · 30g
소금, 후추 · 적당량

몽타주
트러플오일 · 적당량

버섯 뒥셀

1 양송이버섯과 만가닥버섯을 적당히 잘라 푸드프로세서에 넣고 다진다.

2 뜨겁게 달궈진 팬에 버터와 다진 양파를 넣고 볶는다.

3 양파가 노릇하게 익으면 다진 버섯을 넣고 구움색이 날 때까지 중약불로 볶는다.

4 소금, 후추를 넣고 마무리한다.

반죽용 버섯 소테

5 만가닥버섯을 칼로 작게 자른다.

6 뜨겁게 달궈진 팬에 올리브유를 두르고 버섯을 넣어 볶는다.

7 불을 줄여 노릇한 색이 날 때까지 볶다가 소금, 후추로 간해 마무리한다.

머쉬룸 시폰케이크

8 볼에 노른자, 설탕A, 소금을 넣고 가볍게 섞은 다음 중탕물에 올려 35℃까지 덥힌다.

9 올리브유+버섯 뒥셀 6g, 물+우유를 각각 중탕물에 올려 35℃까지 덥힌 다음 8에 차례대로 넣으며 고르게 유화시킨다.

10 가루 재료를 체 쳐 넣고 고루 섞는다.

11 차갑게 보관한 흰자에 설탕B를 한 번에 넣고 머랭을 100%까지 올린다.

12 10의 반죽에 머랭을 ⅓씩 나눠 넣으며 가볍게 섞는다.

13 반죽용 버섯 소테를 넣고 섞은 다음 미니 시폰틀에 팬닝한다.

14 170℃로 예열된 컨벡션오븐에서 약 13분 동안 굽는다.

15 구워지자마자 뒤집어 완전히 식힌다.

필링용 버섯 소테

16 양송이버섯은 얇게 슬라이스하고 만가닥버섯은 가닥가닥 나누어 놓는다.

17 양파는 슬라이스하고 마늘은 다진다.

18 팬에 올리브유를 두르고 약불에서 마늘을 볶는다.

19 마늘이 익으면 버섯과 양파를 넣고 볶아서 익힌다.

20 버터를 넣고 볶다가 마지막에 소금, 후추를 넣어 마무리한다.

몽타주

21 완전히 식은 시폰케이크를 틀에서 분리해 6조각으로 나눈다.

22 가운데 길게 칼집을 넣고 남은 버섯 뒥셀을 넣는다.

23 필링용 버섯 소테를 올린다.

24 160℃ 오븐에서 7~10분 정도 구운 다음 버섯 소테에 트러플오일을 뿌려 마무리한다.

분량
미니 산도 8개

틀
지름 10㎝ 미니 시폰틀 2개

굽기
데크오븐 윗불 180℃, 아랫불 160℃
컨벡션오븐 170℃, 15분

난이도
★★ ★ ★ ★

소비기한
냉장
2~3일

갈릭 버터 슈림프

Garlic Butter Shrimp

───────── **INGREDIENTS** ─────────

새우 시폰케이크
노른자 · 45g
설탕A · 5g
소금 · 2.5g
올리브유 · 40g
물 · 39g
우유 · 9g

박력분 · 42g
베이킹파우더 · 1.5g
보리새우가루 · 7.5g
흰자 · 96g
설탕B · 15g

새우 소테
새우 · 24마리
소금, 후추 · 적당량
올리브유 · 적당량
가염 버터 · 25g
통마늘 · 12개

파슬리 · 적당량
올리고당 · 2큰술

새우 시폰케이크

1 볼에 노른자, 설탕A, 소금을 넣고 가볍게 섞은 다음
   중탕물에 올려 35℃까지 덥힌다.

2 올리브유, 물+우유를 각각 중탕물에 올려 35℃까지 덥힌
   다음 1에 차례대로 넣으며 고르게 유화시킨다.

3 가루 재료를 체 쳐 넣고 고루 섞는다.

4 차갑게 보관한 흰자에 설탕B를 한 번에 넣고 머랭을
   100%까지 올린다.

5 3의 반죽에 머랭을 ⅓씩 나눠 넣으며 가볍게 섞는다.

6 준비한 틀에 팬닝한 다음 170℃로 예열된 컨벡션오븐에서
   약 15분 동안 굽는다.

7 구워지자마자 뒤집어 완전히 식힌다.

새우 소테

8 새우를 깨끗이 손질해 살만 남긴 다음 볼에 담는다.

9 소금, 후추, 올리브유를 넣고 5분 이상 재워 새우의 잡내를 제거한다.

10 부드러운 버터에 통마늘을 4개 다져 넣고 파슬리와 올리고당을 적당량 넣고 섞는다.

11 팬에 올리브유와 남은 통마늘을 넣고 달군 다음 새우를 넣고 익힌다.

12 10의 버터 갈릭 소스를 넣고 소스가 졸아들 때까지 볶는다.

몽타주

13 완전히 식은 시폰케이크를 틀에서 분리한 뒤 케이크분할기를 사용해 4조각으로 나눈다.

14 가운데 길게 칼집을 넣고 새우 소테의 통마늘을 반으로 잘라 하나씩 넣는다.

15 새우 소테의 새우를 3마리씩 가지런히 올린 뒤 남은 소스도 뿌린다.

16 160℃ 오븐에서 5~10분 정도 데우듯 굽는다.

"앞으로가 더 기대되는 나의 제과 인생
어디까지 성장하는지 한번 가 보자. 물론 너희들과 함께"

시폰 베리에이션

Chiffon
VARIATION

저　자 ｜ 이예란
발행인 ｜ 장상원
편집인 ｜ 이명원

초판 1쇄 ｜ 2024년 8월 1일
2쇄 ｜ 2024년 8월 26일

발행처 ｜ (주)비앤씨월드 출판등록 1994.1.21 제 16-818호
주소 ｜ 서울특별시 강남구 선릉로 132길 3-6 서원빌딩 3층
전화 ｜ (02)547-5233　　팩스 ｜ (02)549-5235
홈페이지 ｜ http://bncworld.co.kr
블로그 ｜ http://blog.naver.com/bncbookcafe
인스타그램 ｜ @bncworld_books
진행 ｜ 김지연　　사진 ｜ 이재희　　디자인 ｜ 박갑경

ISBN 979-11-86519-82-0 13590